山东省社会科学规划研究项目
——"传统贵金属工艺在当代首饰设计中的应用研究（19CWYJ23）"成果

金银细工首饰
当代设计

田伟玲　著

U0393001

化学工业出版社

·北京·

内容简介

本书对金银细工首饰设计的基本理论和金银细工技艺的应用方式进行了全面梳理，既包含细工首饰的基础知识，也包含工艺文化与时代精神的交融，更强调细工首饰技艺创新设计思维和设计实训的手段和工作方法。全书分为首饰概述、金银细工首饰构成要素、当代首饰设计的基本特征、金银细工首饰当代性特征、金银细工首饰设计方法与策略共五章。

本书可供首饰设计、加工、营销人员阅读，也可供相关行业设计人员参考。

图书在版编目（CIP）数据

金银细工首饰当代设计/田伟玲著. —北京：化学工业出版社，2023.12

ISBN 978-7-122-44886-6

Ⅰ.①金… Ⅱ.①田… Ⅲ.①金银饰品－首饰－设计
Ⅳ.①TS934.3

中国国家版本馆CIP数据核字（2023）第240398号

责任编辑：窦　臻　林　媛　　　　　文字编辑：蔡晓雅
责任校对：李露洁　　　　　　　　　装帧设计：关　飞

出版发行：化学工业出版社
　　　　　（北京市东城区青年湖南街13号　邮政编码100011）
印　　装：北京缤索印刷有限公司
710mm×1000mm　1/16　印张10$\frac{1}{2}$　字数　154千字
2024年6月北京第1版第1次印刷

购书咨询：010-64518888　　　　　售后服务：010-64518899
网　　址：http://www.cip.com.cn
凡购买本书，如有缺损质量问题，本社销售中心负责调换。

定　　价：68.00元　　　　　　　　版权所有　违者必究

前言

　　金银细工是中国优秀的传统工艺，是中华文明的重要组成部分，也是民族智慧的象征。细工技艺中包含多种优秀的金属工艺，蕴藏了中国特有的造物方式，是民族价值观、审美观、思想观的集中体现，凝结了中华五千年的文化精髓，展现出民族的凝聚力和创造力。保护和传承优秀传统技艺，对当代设计具有重要意义。

　　党的二十大报告指出，坚持创造性转化、创新性发展，以社会主义核心价值观为引领，发展社会主义先进文化，弘扬革命文化，传承中华优秀传统文化。细工首饰是金银细工技艺传承的重要载体，拥有悠久的历史，是中华文明重要的组成部分，承载着优秀的技艺形式、中国样式和文化脉络。开展金银细工首饰创新设计研究，是非物质文化遗产保护的重要方式，也是对传统工艺的保护和继承，实现了"以创为保，活态传承"的工艺发展状态，延续了中华工匠精神，并彰显了民族文化自信。同时，对细工首饰当代设计研究，丰富了当代首饰设计语言和工艺技法，促进了传统金属工艺的当代设计转化，是当代首饰设计之源，从而促进新时代工艺美术的发展。开展传统工艺创新应用研究，在一定的程度内符合市场发展需求，利于激发文化创造力，增加市场应用价值和设计服务社会的力度。

　　本书综合考虑时代背景和社会需求，以及新时代对传统工艺和文化形式创造性转化和创新性发展的责任，结合设计实践，强化金银细工首饰知识的系统性、整体性、创新性和适应性。书籍以理论为基础，应用为根本，对金银细工首饰设计的基本理论和金银细工技艺的应用方式进行了全面梳理，既包含细工首饰的基础知识，还包含工艺文化与时代精神的交融，更强调细工首饰技艺创新设计思维和设计实训的手段和工作方法，以多层次的知识体系，起到设计服务生活的本质。

　　全书共分为5章，第1章首饰概述，介绍了首饰的概念、释义、源流和功能以及金银细工首饰概念及其特征。概述了细工首饰的本质内涵，细工首饰分类及典型首饰种类、基本特征。第2章金银细工首饰构成要素，从细工首饰的构成要素角度，探索技艺的种类、特征、造型方式等，并深入探讨细工首饰中所蕴含的中式美学规律、伦理道德、工艺文化和审美价值等。第3章当代首饰设计的基本特征，包括传统工艺与新科技的融合、实验材料的应用、设计观点的表达。以当代首饰设计为切入点，在新时代精神与历史传承相融合的多元文化下，对当代首饰设计实践方向和设计本质进行思考。第4章金银细工首饰当代性特征，从材料技艺的传承、造型与装饰、文化思想与价值等角度，分析金银细工首饰的当代适应性及价值。第5章金银细工首饰设计方法与策略，包含设计思维训练、设计程序与方法、工艺创新应用实践，循序渐进地展开新时代背景下对传统首饰工艺的当代应用方式的探讨，并结合设计案例，分析在传统文化、全球化、当代化的互通互融中，传统工艺创新应用方法和设计服务生活的角度，以及分析细工首饰与时代需求、观念、生活方式的关系。

　　金银细工首饰正处于蓬勃发展时期，其间有不少前辈在细工首饰的当代设计转化中取得优秀的成果，为细工首饰发展作出贡献。尽管作者积极完成本书内容，并为之付出不懈的努力，但难免会有偏差与疏漏，在此，请专家、学者批评指正。

著者

2023年2月

目录

1 首饰概述

1.1
首饰的概念和功能

　　首饰是伴随着人类文明的产生而产生的，它与时代的演变、社会风气、文化氛围密切相关。在漫长的人类发展史中，首饰的发展与社会制度、经济状况、风俗文化、道德观念始终存续互动，因此首饰的名称、造型、纹式、种类等因素随之变换、调整，首饰的内涵和外延也随着社会的发展不断丰富。

1.1.1　首饰的释义

　　"首饰"是一个广为人知的名词，它以丰富的形象活跃于人的日常之中。它体积不大，却承载着很多，承载着人类文明，象征着物质财富，抑或传承家族精神。首饰是一个极为宽泛的概念，想要准确、严格地定义它，十分困难。它是社会发展的产物，涵盖多种意识形态，含有多元概念；它是历史发展的产物，具有历史发展的阶段性特征；它亦是以物质手段为媒介所呈现的艺术形式，与文化、技术、材料、审美密不可分。因而在探讨首饰概念时，应尽可能地还原首饰发展历程，从多角度、多维度看待"首饰"的概念和范畴。

1.1.1.1　古代释义

　　首饰发展历史悠久，关于首饰饰品类型的名称比较常见，但就"首饰"一词却很少见。通过对历史资料的梳理，发现不同时期对首饰的释义略有不同，对首饰的理解带有一定的认知发展性。考古资料显示，首饰约起源于石器时代，先民在劳作中将打制的石器、骨骼、毛发等佩戴在身上，通过佩戴经历，佩戴者与物品之间产生思想交流，逐步形成了饰品意识。

　　古籍中有关于"首饰"的记载，如《后汉书·舆服志》载："上古穴居而野处，衣毛而冒皮，未有制度。后世圣人易之以丝麻，观翚翟之文，荣华之色，乃染帛以效之，始作五采，成以为服。见鸟兽有冠角、髯胡之制，遂作冠冕缨蕤，以为首饰。"由此可见，当时首饰主要指佩戴于头部的装饰物。又如，汉末刘熙在

《释名·释首饰》中谈到，凡冠冕、簪钗、镜梳、瑱珰、脂粉等都为首饰。此时，首饰的概念逐渐从头饰扩展到面饰及耳饰。《续汉书·舆服志》中载："耳珰垂珠，簪以玳瑁为擿，长一尺，端以华胜。"宋代时期，首饰的范围更为广泛，将首饰称为"头面"，通常是指女子"冠梳"之外的全副簪戴，也把配饰包含在内。到了元明时期，随着鬏髻的出现，"头面"主要指鬏髻上插的各类簪钗的统称，在这里并不包含鬏髻本身。在《朴通事谚解》中载："我再把一副头面、一个七宝金簪儿、一对耳坠儿、一对窟嵌的金戒指……"可见当时的头面不包含耳饰、戒指这类饰品。明代时期，对首饰的理解也有不同，如《明太祖实录·卷三十六下》中载："皇后冠服……燕居则服双凤翊龙冠、首饰、钏镯，以金珠宝翡翠随用，诸色团衫，金绣龙凤文。"从中可以看出此处将凤冠、手钏、手镯等饰品排除在首饰之外。由古籍中关于首饰名称的记载可推断，在中国古代各个时期，首饰与头面的含义一直处于变化之中，并未形成统一的标准。

中国古代，首饰作为常见的装饰品，因其自身特殊性，通常被赋予特殊的意义。据史料记载，古代首饰与财富、身份地位关系紧密，首饰除了具有使用价值和装饰意义外，还被赋予了阶级、政治等多重思想意义。《说文解字》中载："赗，颈饰也，从二贝。"又如《篇海》载："连贝饰颈曰赗，女子饰也。"古时正式货币出现前，贝壳曾被作为等价交换物使用，人们将贝壳悬挂于脖颈之上，能起到装饰、财富、炫耀多重作用。商代出土的贝壳中常带有孔洞，可能出于便于串挂所留（图1-1）。在社会发展早期，还将配饰比作品德，古人认为玉坚硬、致密、通透、色泽美丽，具

图1-1　阿纹绶贝（商）　田伟玲摄

有美好的品质。如《礼记·聘义》中曰："孔子曰：'非为珉之多故贱之也，玉之寡故贵之也。夫昔者君子比德于玉焉，温润而泽，仁也'……《诗》云：'言念君子，温其如玉。'故君子贵之也。"因而古代首饰拥有多重含义，不可用一成不变的标准来定义它。

1.1.1.2 现代释义

在当代，对于首饰的诠释相对复杂，有时它是一件商品，实现经济利益；有时它是一项艺术运动的轨迹，维系着人的情感；有时它是物质财富和精神财富的代言。总之，首饰概念的边界比较模糊，很难定义。现代首饰与时代的人文、政治、生活方式、经济因素有着密切的联系，对于首饰的认知不再拘泥于原有装饰性、功能性、意图的意义，应当给予更为全面的理解。

首饰一词在《辞海》中的释义为男女头上的饰物，"首"取意为"头"。从一般意义上讲，现代的首饰继承了传统首饰的普遍性特征。时至今日，部分首饰仍然继承着传统首饰的一些特性，如有的首饰依然是使用金、银、珠宝等贵重材料制作而成，象征着财富（图1-2）；又如在现代首饰的造型中，依旧遵循对传统纹饰的追求与应用，既起到对饰品的装饰作用，也起到对我国传统文化美好寓意的继承。这类首饰在当今社会依然具有较强的生命力，始终活跃在人们的日常生活之中，也许它们被称为"商品首饰"，或是"婚嫁首饰"，抑或是"传统首饰"，但它们依旧在佩戴者心中起到最基本的装饰意义和象征意义。

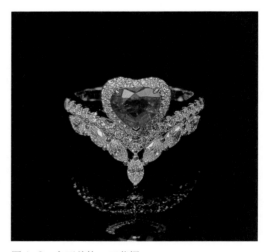

图1-2　宝石首饰　王菊摄

在现代设计环境的影响下，也有部分首饰对传统首饰的概念进行了扩展，在原有首饰意义的基础上，对首饰的材料、功能、语言等要素进行新的探索，开始关注思想潮流、社会现象、文化艺术等时代问题。在这一过程中，首饰逐渐衍变为一种媒介，成为对事物哲学、观点、认知、功用重新定义与表达的媒介。随着设计与当代思潮的交融，加之当今设计环境的影响，首饰设计开始打破专业限制，出现了学科交融，将多种类型的设计元素综合到首饰设计之中，如数字技术、3D打印技术、信息技术、材料学等。因此，首饰表达不再局限于对常用材料及工艺的使用，在形式上也超出了现有的视觉语言，将雕塑的空间概念和绘画式审美形式等都融入首饰设计之中。现代首饰也被赋予多重内涵，逐渐成为财富、装饰、身份、肌体、人格、异化、意念、社会动向、文化政治等现象的代言，随着这些因素的融入，慢慢出现了"个性化首饰""艺术性首饰""工作室首饰""研究性首饰""新首饰"等多种首饰代名词。因而，首饰随着社会的发展、技术的进步、思想表达的多元化，其内涵、外延以及所涉及的领域也越来越广泛。由此可见，时代在变，首饰也在变，对首饰概念的界定只能是阶段性的、短暂的。就当下而言，广义的首饰通常是指一切与人体有关的饰品，甚至与人有关的摆件也可称为首饰，那么这里的首饰不仅是可以佩戴的，也可以是不以佩戴为目的的。在日常生活中，狭义的首饰指经过一定的材料和工艺制作而成，能供人体佩戴的并具有一定装饰作用的物品。从不同时期对首饰的理解，我们可以感知事物是处于不断发展的过程中的，因此我们要用发展的态度来看待一件事物、一个定义。

1.1.1.3 首饰名称汇总

当下，各国对首饰有着不同的称呼，英国为"design jewelry"，法国为"creative jewelry"，意大利为"art goldsmithing"。在国内首饰行业，对于首饰的称谓也比较多，如"传统首饰""商业首饰""时装首饰""艺术首饰""现代首饰""概念首饰""学院派首饰""珠宝首饰"等。如此繁多的名称显得有些难以辨别，在此，将对首饰的名称进行归类整理，以便更好地理解现代设计语境下首饰的范畴。

从历史发展的角度看待首饰，可将首饰归为"传统首饰"和"现代首饰"，以呈现首饰发展轨迹。传统首饰多指传统遗留下来或借用传统首饰特征发展起来的首饰，有时古董首饰也归类于传统首饰之中。现代首饰一般是以现代社会环境为背景而生成的首饰形式，其中蕴含现代设计观点和功能，与当代生活方式、文化艺术、经济模式息息相关。从创作的出发点、目标、功能等角度思考，可将首饰划分为"商业首饰""艺术首饰""概念首饰""时装首饰"等。

在现代首饰设计中，部分首饰设计是以商业目的为动机进行的设计活动，这类饰品通常为"商业首饰"或"产品首饰"。"商业首饰"在市面上较为常见，其本质属性就是商品，多是为了换取更高的经济利益。商业首饰在制作方式和款式上，多采用程序化的生产模式，往往采用工厂加工及批量化生产的方式，以到达降低成本的目的（图1-3）。"艺术首饰"主要是指在作品的创作过程中，首饰的造型和选材更为自由，在继承传统首饰特质的基础上进行变革，以独特的艺术语言展现首饰新视觉、新功能的首饰。如作品《一个回答》，作者在形态、材料上突破传统首饰束缚，并以新的形式展现个人情感（图1-4）。艺术首饰逐步摆脱传统首饰在材料、观念方面的限制，成为艺术表达的载体，更注重作者的情感输出，将精神内涵注入作品中，使首饰拥有了灵魂。此类首饰多以单件的形式出现，不以商业盈利为目的。历史上有许多艺术家都从事过艺术首饰创作，如达利、毕加索等，他们根据个人喜好，并结合自身擅长的艺术手段，创作出系列的艺术首饰。"概念首饰"与概念艺术同根同源，基于艺术品是对艺术家思想的展现，而不是有形的物品这一理念，注重个人观念的强调和认知的挖掘。因而，首饰设计师的探索不再局限于传统首饰观念，而是以更超前的理念打破原有首饰的标准，展现首饰的情感、空间、材料等属性。在一定范围内，概念首饰、艺术首饰之间并没有严格的界限，只是认知和分析的角度不同。"时装首饰"，主要是指与当下流行服装相搭配的饰品，这类饰品带有一定的时效性，在形式、材料、色彩上与当季流行的服装相吻合，起到装饰和点缀的作用。"个性化首饰"和"工作室首饰"，主要是指由艺术家或者设计师个人开设的工作室创作的首饰，这类首饰相对比较小众，能够呈现出工作室或艺术家的风格特征，凭借稳定、独特的艺术形象来满足部分消费者的需求。工作室首饰在设计、生产、销售等环节，都有比较清晰的定位和方向性的消费群体，他们以类似的风格开发新的产品，或以同种工艺为基础进行产品的开发，在视觉上兼有统一性和独特性的特征（图1-5）。"珠宝首饰"，主要以材料特点对首饰进行归类，其材料多由名贵的金属材料和宝石材料组成，再加上精致的金属工艺，形成一种高贵、典雅的艺术风格（图1-6）。学院派首饰，其设计群体多为艺术类高校的师生，设计风格比较自由，在材料、工艺、造型等方面更为自由，随设计师意愿而改动，不受市场、经济等因素的限制。

图1-3 商业首饰 王菊摄

图1-4 作品《一个回答》 毛楚楚作

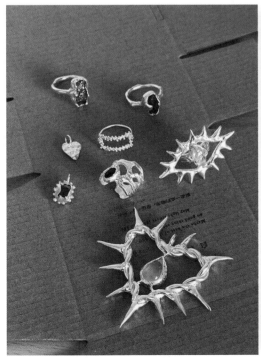

图1-5 工作室首饰 看见ISEE工作室

图1-6 珠宝首饰 王菊摄

1.1.2 首饰的源流

从古至今，首饰经历几千年的发展，促使首饰从无到有、从简到繁的因素诸多，对此进行梳理，有助于我们清晰地认识首饰发展的影响因素，也利于理解人文、政治、材料、技术等因素与首饰的关系，更能为设计创新提供研究视角。对于首饰的起源，学界众说纷纭，有的认为首饰是源于先民的劳作，有的认为是源于自然崇拜，还有的认为是为了满足人的身心需求。可见，首饰的起源是多方因素共同作用的结果。据资料考证，首饰的起源可以追溯到石器时代，随着人类的发展，首饰的种类、形式、材料也不断发展。促使首饰发展和演变的因素很多，具体因素如下所述。

1.1.2.1 自然信仰与模拟首饰的萌发

自然与人密不可分，是人类生存的必备条件，自然界中的一切都与人发生关系。因此，对自然的信仰和模拟成为首饰产生的直接因素。先民在狩猎活动中，发现动物的皮毛、骨骼、羽毛美丽而独特，并将它们用来装饰身体，经此流传形成了早期首饰的雏形，以古籍《古史考》中关于佩戴羽饰的记载为据。早期首饰对自然的模拟多采用自然材料的直接使用及自然形态的模拟等形式，美丽的花卉、生动的鸟兽、多彩的昆虫都成为模拟和材料的采集对象。由于这类材料难以保存，在史前文物中并不多见，但可以通过山洞岩画和遗留下来的器物进行推测。如在距今约6000年前的河姆渡遗址中，发现了泥质陶塑人物头像，在泥像的头顶部位有几个成排状的小孔，据专家推测这类小孔主要是用于插饰羽毛。自然之美无可比拟，至今在非洲、大洋洲等地区还保持着这一类型的首饰。在淳朴的自然信仰下，当时的饰品多由羽饰、骨骼、牙齿等自然之物制作而成。

1.1.2.2 图腾、宗教、庆典活动下首饰意识形态的建立

人类发展之初，推崇万物有灵之说。人类学家认为，先人佩戴的第一件饰品是来自于动物，主要源于狩猎的生活方式。人类在狩猎活动中发现动物的体力和勇猛是人类所不具备的，因而萌生崇拜之心，并在获取食物后将其牙、骨、角、爪等骨骼用绳线串挂起来佩戴在身上，以求得力量。在这种思想的影响下，逐渐

形成了万物有灵的意识形态，并通过对神灵的敬畏，开始以氏族、部落为主导的图腾崇拜及意识寄托。先民通过寻找与本部落气质相符的形象作为氏族所信奉神，并通过相应的仪式进行人神的沟通，达到对神力祈求的目的。在仪式中，他们会佩戴相应的饰品来增加活动的仪式感，以达到沟通效果，比如佩戴牛角、羽毛等。

在图腾崇拜、祭祀活动中，人们通过各种形式参与活动，来寄托个人夙愿。有的是通过对身体的彩绘，有的是通过佩戴面具和饰品，来完成活动的仪式及人神沟通。此时首饰具有了特殊的意义，不再是简单的自然模拟，而是通过有意义的形式，展现人类的内心活动，因此首饰成了主观意识的产物。当首饰成为思想沟通的媒介时，其造型、色彩、材料等元素随着功能的需要进行不断的调整，从而形成了独特的视觉形象。在古代，玉石常被看作人神沟通的良好材料，因而玉成为古代首饰的主要材料之一。首饰在造型和纹饰上也受到崇拜思想的影响，如浙江省余姚市瑶山7号墓出土的"玉三叉形器"。三叉玉器正面雕有兽面，并用阴线雕刻的方式将眼睛、鼻孔、獠牙等细节刻出，并饰有羽状纹，以象征神冠。此阶段的首饰，在材料上以玉石和骨质材料多见，也有羽毛、竹、木、骨、贝壳等材料的运用，在工艺上多采用钻孔、琢磨、雕刻等简单的工艺。

1.1.2.3　政伦规约下的首饰风格成熟

当社会进入阶级分化时，首饰所被赋予的意义更为丰富，首饰的功能不再局限于装饰、祈求，政伦规约的审美需求是首饰发展的新方向。在阶级意识的驱使下，人们开始从最初的自然崇拜、图腾崇拜转向对权势的崇拜，也形成了较为明晰的服饰制度，首饰逐渐成为区分身份、地位的标志物之一。在古代中国，服饰制度较为严格，设有专门机构来制定和管理服饰制度，并将式样和图案等要素归纳到制度体系中，不可逾越。政伦规约下服饰制度逐渐成为传统审美方式，并随着工艺技术的进步，首饰体系开始走向成熟，各种文化寓意融入首饰之中，并通过材料、纹饰、色彩等要素传达出。在此过程中首饰走向了成熟，从简单的式样到规范复杂的结构，从单纯的装饰到成熟的文化载体。具体主要表现在，种类上有头饰、项饰、臂饰、手饰、耳饰、额饰等饰品分支；在材料上除去原有的玉石、骨骼外，出现了金、银、铜镀金以及珊瑚、玛瑙、青金石、珍珠、绿松石、琥珀、玳瑁等多种宝石材料；在技术上有累丝、镶嵌、錾刻、锤鍱、点翠等精准细致的工艺出现。

1.1.2.4 "礼"法下的首饰规范

在社会群体中，除去使用政治法度来维持社会秩序外，还形成了使用社会礼法对人们的行为进行约束。世界各国，根据各自的文化信仰、经济模式、阶级结构等因素的不同，形成一种约定俗成的规则，规范着人的行为。这种规范也体现在饰品的佩戴上，礼法制度从某一个角度来讲影响着首饰的发展，它与政权规约并行，共同作用于首饰文化的各个方面，甚至它的影响更为长远。

中国素有"礼仪之邦"之称，因而对礼法特别重视，并有着悠久的历史。在古籍《说文解字》中载："礼，履也，所以事神致福也。"可以看出"礼"是由原始的宗教活动发展而来的，后来以思想学派为主，逐渐在民众的内心中形成潜在的行为规范。在中国讲究"非礼勿动，非礼勿行"，因而在首饰种类中出现了"充耳"这类饰品，将其悬挂于冠冕之上，起到"非礼勿听"的作用（图1-7）。

图1-7　佩戴充耳的帝王

古代中国礼制包含内容广泛，上至国家制度伦理，下达人伦宗法，它们都以各自的方式规范着人的行为。其中首饰以自身形制、佩戴方式、佩戴制度等，展现着社会秩序。古时，儒学将佩玉视为一种礼仪，将玉石材质的品质特点与人的品格联系在一起，将玉的温润比作君子之"仁"，将玉的坚硬比作智者做事果断，将玉的廉棱而不伤物比作君子之德，因而古时君子常佩玉。此外，礼制在首饰中的应用还体现在一些具体的礼仪制度上。如古时成人礼的举办，男子二十改垂髫为束发戴冠，标志成人。在《仪礼》中载"筮于庙门。主人玄冠，朝服，缁带，素韠，即位于门东，西面"，从中可见礼仪法规对配饰的约束和对身份的界定。礼制在首饰中的规范体现在人们佩戴首饰的各个方面，包含了政治法度、婚姻嫁娶、日常民俗、节日庆典等活动，在此类文化的影响下形成了我国独特的审美方式，也造就了有意味的首饰形式。

1.1.2.5　多元文化下的首饰新发展

随着社会的推移和经济技术更新，首饰开始进入新的阶段。伴随着启蒙运动和人文主义的兴起，人类的思想逐渐从对神权、政权的崇拜中解放出来，开始注重人的感受，将人自身看成生活的中心。人类经历了漫长的自我解放期，首饰也经历了漫长的自我发展时期，经文艺复兴运动、工艺美术运动、新艺术运动等一系列活动后，首饰开始探寻自己的风格，逐步形成多元首饰发展状态。文艺复兴时期，随着人性的解放以及受到文艺复兴艺术风格的影响，首饰多呈现浮雕像的艺术风格（图1-8）。在技术方面，由于15世纪宝石琢磨技术的提高，此时的制作以宝石镶嵌、珐琅工艺、透雕细工等精细工艺为主，呈华贵之风。19世纪初，首饰受到美术流派的影响，出现了洛可可艺术风格，大量使用宝石材料和珐琅油料，使作品呈现

图1-8　文艺复兴时期首饰　李凯旋摄

烦琐、华丽的风格。19世纪末，经过工艺美术运动和新艺术运动，首饰多呈现自然主义风格，线条以流线形、曲线等流畅线条为主，素材多来自花卉、植物、昆虫、女性等。在材料方面，此时在继承前期宝石、珐琅等材料的基础上，又发展了人造宝石新材料。

首饰艺术在经历精神解放后，在技术、风格、主题上有了更大的发展。19世纪末至今，首饰艺术进入快速发展阶段，其形式更为丰富。现代首饰摆脱了政伦、礼教思想的束缚，在主题、思想上更为自由。首饰设计开始探索首饰与艺术、首饰与社会、首饰与肌体的关系，也因此首饰有了工作室首饰、艺术首饰、商业首饰、婚嫁首饰等多种类型。首饰拥有装饰作用的同时，也成为艺术表达、情感宣泄的方式。由于受多元文化的影响，现代首饰的表达包罗万象，有对材料、技术的研究，也有对人与饰品关系的思考，还有对社会现实的认知。总之，随着技术、经济、思想因素的发展，现代首饰进入多元发展状态，其发展范围涵盖了生活的各个方面。

1.1.3　首饰的功能

对首饰的认知不仅是对概念的理解与界定，还需要认识首饰在社会中所扮演的角色和地位，在生活中所起到的作用。在古籍《周易·系辞上》载"备物致用，立成器以为天下利"，从中可以看出功用性是器物的首要价值。首饰亦是如此，它应具备自身所具有的价值，才足以在历史发展的长河中屹立不倒，也符合中国"人为物本，物为人用"的造物观。作为一种古老的艺术形式，并经过长期的发展积淀，首饰拥有丰富的功能体系，一般包含装饰、映射、审美、纪念等。

1.1.3.1　装饰、审美功能

审美、装饰功能，是首饰的首要功能及首饰发展的原动力，因而装饰性也是首饰的最根本属性。美是人之向往，爱美之心人人有之，更无年龄、性别差异，因而首饰成为人们装饰自身的必需品。也正因如此，美才是首饰所具有的第一要素。首饰无论是在形式上还是在工艺上，都经过严格的考究制作而成，这一过程带有设计师、工匠的智慧结晶，在一定程度上也反映出时代的审美意识以及美的形式。在金属工艺的发展中，有不少工艺种类如累丝、錾刻、烧蓝等都是较为精细的工艺品种，这些工艺本身就是美的象征，再加上精美的纹饰和巧妙的构思，使得这类细工首饰美不胜收（图1-9）。从历史遗留下来的作品看，不少饰品都是物件中的经典，都对人起到装饰作用，给人以美的感受。

图1-9　细工首饰　吕纪凯作

1.1.3.2 财富的象征

在对传统首饰的认知中，提到首饰，一般会联想到金银珠宝，也因此首饰有个常用的名称为"珠宝首饰"。从名称中可以看出，首饰是一种很珍贵的物品，它和财富有着密切的联系，在一定程度上可以直接转化为财富。在日常的生活中，首饰并不像衣服、食具一样成为人们生活的必需品，因而如欲购买首饰，必须在满足生活必需品的基础上还具备一定的经济条件，才能实现这一目的。可见，饰品是日常生活中的一件小奢侈品，加之饰品的材料常采用金、银、铂金、宝石等贵重材料制作而成，因而饰品也就成为财富的象征。另外，在中国古代，金、银、铜这类金属都曾为货币材料，可以代表物质财富。在中国汉语中的"铜板""金元宝""银元宝""碎银"等名词，都是用来衡量财富的，那么这类材料与宝石材料结合制作而成的首饰，无疑也就成了财富的象征。

1.1.3.3 保值功能

首饰不仅是财富的象征，还具有一定的保值性。在生活中，作为财富的物质很多，比如货币、矿石、房屋、车辆等，但这类物品的财富象征功能带有一定的不确定性。以房屋为例进行说明，看近年来房屋价格调整曲线，可以观察出房屋价格并不稳定，有的地区房价呈上涨趋势，有的地区出现下跌趋势，在未来几十年房价走向如何，难以保证，因而以此类物品为财富象征也带有不确定性。然而，以贵金属材料和宝石材料制作的首饰却具有一定的稳定性。金、银、宝石材料都属于矿物资源，在地球上的储备是有限的，因而它的价值一般相对稳定，且呈逐步上升趋势，也因此以这类材料制作的饰品所代表的价值也就具有了一定的稳定性。例如"德累斯顿绿钻"，这是一颗绿色梨形钻石，重量高达41克拉，质地纯净无瑕，相传在1743年，奥古斯塔耗费了六万多提拉（约合9000英镑）才得到它。从中可知，以这颗钻石为主石制作的首饰，其价值是难以估量的。对于这类饰品，由于材料的珍贵和稀缺，加上精致工艺的价值，它的价值是稳定的，有较好的保值性。此外，还有一种类型的首饰，由于它是出自名人之手，可能代表一种思潮，或者是一个新观念的标志物，这类饰品也具有一定的价值，具有一定的保值性和收藏性。

1.1.3.4　纪念和寓意功能

在日常生活中，谈到首饰我们可能会不自觉地联系到婚姻和爱情，这是由于首饰具有纪念性的功能。在生活中，人们有很多事情值得纪念，有很多日子值得记住，人生中有很多的重要时刻，例如结婚纪念日、生日。在这些时刻，人们需要一种信物用于纪念特别的日子，以留下深刻的印象，并将这种意义延续下去，因而首饰就成为这类纪念品之一。首饰作为纪念物的形式很多，市场上也推出了系列饰品专门用作纪念物来使用，例如对戒常作为婚姻承诺的信物，生辰石与首饰的结合作为生日的纪念品。此外，纪念性节日还体现在民族节日、重大庆典之上，如奥运会的举办、世纪的新纪元，又如建党100周年，都是比较值得纪念的日子，因而对于能起到纪念仪式感的首饰，在特定的日子里也不宜缺席。

在对重要时刻纪念的同时，饰品也被赋予了特定的寓意，逐渐成为一种符号。一枚戒指往往是爱情的信物，钻戒代表着爱情的永恒，正如一些广告语中所说"十分的钻戒，十分的爱你""钻石恒久远，一颗永流传"，因此钻戒就成为纯洁、美好的爱情的象征（图1-10）。此外，在民俗文化中，首饰也有类似的象征和寓意功能。民俗活动的开展与民众的求吉心理密不可分，经过几千年的思想沉淀，福、禄、寿、喜、财为吉祥活动的主要内容。在此环境下，首饰也被赋予了新功能，人们将吉祥寓意的意念以符号的形式融入首饰中，以达到祈福的目的。如端午时节，大人孩子常佩戴"五色缕""艾虎"，以作辟邪之用。正如古籍《岁时广记》载"钗头艾虎辟群邪，晓驾祥云七宝车"，由此可见艾虎、五色缕这类饰品寓意吉祥。

图1-10　钻戒　熊德昌作

1.1.3.5　等级地位标志物功能

当原始社会进入奴隶社会时期，社会开始出现了阶级的分化，出现了统治阶级和被统治阶级。从此社会制度赋予首饰新的使命，同时也展现了伦理规约所需的美学需求，首饰逐步成为区分身份地位的重要标志物。随着阶级社会制度的完善，服饰制度也逐渐明晰，以迎合身份等级划分的需求。在一定的程度上，服饰制度直接体现了等级观念，统治阶层以立法的方式制定了关于服饰的使用规范，包含具体形态、材料、图案以及色彩等因素的使用，强制人们遵照，以实现对吉祥饰物的占有。因此，首饰从选料、样式到用途都进入了严格规范之中，服饰也就成为等级制度的附属品。在阶级社会中，虽然首饰的种类不断扩充，式样不断更新，但终究逃脱不出首饰作为权利、等级标志物的命运。古代中国，帝王所戴的冕冠、后妃的凤钗无不彰显着权势下对饰品式样、种类的专权。如点翠嵌珠宝五凤钿，前面缀有5只累丝金凤，金凤下排饰有9只金翟并与格纹、钱纹、盘肠等组成了吉祥图案，整件饰品采用了累丝、点翠、镶嵌等工艺制成，非常精美，多为后宫嫔妃所戴，主要用于吉庆场合（图1-11）。此外，首饰作为等级地位的标志物，还展现在权势对材料的占有方面，如《武德令》中有这样的记载，天子金玉带，十三銙；三品以上用玉带，十二銙；五品以上金带，四品十一銙，五品十銙；七品以上银带，九銙；八、九品用石带，八銙；流外官及庶民铜铁带，七銙。从中可以看出天子、官员根据各自的身份选择不同的材质和数量。在古代类似的规约较多，都以严格的佩戴制度，标榜个人身份。

图1-11　点翠嵌珠宝五凤钿（清）故宫博物院藏　李凯旋摄

1.1.3.6　文化传递功能

文化传递也是首饰的功能之一。首饰在其造型、材料、工艺、式样等方面，都包含着各种文化要素，也可以说首饰是在各种文化的滋养下形成的。就中国而言，由于受到传统文化的影响，首饰包含多种文化要素。早期的石器、骨角器以及穿孔饰物，都明显地带有巫术迹象和图腾崇拜的思想。考古中发现，山顶洞人运用磁铁矿把饰物染成红色，显然是有意识的行为，纯粹的红色装饰不仅是为了满足审美的需求，还代表了原始先民们对生命延续的渴望。首饰的精神性随着社会文化的发展愈发明显，从原始先民的自然崇拜到社会礼教的建立以及民俗活动的开展，都体现了首饰艺术中的社会文化。

以中式审美为基础的吉祥文化对首饰的影响也较为深远。在中国传统文化中，吉祥文化占据重要的位置，它承载着我国人民的美好希望，也使我国首饰具有独特的审美价值和审美意味。吉祥文化运用到首饰艺术之中，一般采取寓意、谐音、符号等艺术手段，来实现吉祥意念的传递。在中国讲究"图必有意，意必吉祥"，因而带有龙凤纹、石榴、葫芦、牡丹等纹饰的首饰比较普遍。如凤凰牡丹纹金簪出土于南京，簪首饰主要以牡丹纹为主，一只凤凰栖息于牡丹花之中，整件首饰制作极为精细。"凤栖牡丹"在我国寓意荣华富贵，这种寓意式造型手法巧妙地将吉祥主题通过纹饰组合的方式表达出来，达到了真、善、美的统一。饰品发展至今，我们也同样可以从纹样符号中感知中华文化的力量，饰品正以自身独特的方式传递着吉祥文化。

除此之外，首饰对文化的传递还表现在见证历史发展重要足迹上，是推测历史文化的重要依据。通过首饰的式样、材料、款式、种类等特征，加上相关史料的记载，后人可以推测出当时的文化信仰、思想观念、生活方式，也可感知当时的造物思想和文化，从而可将优秀的工艺文化传递下去，以发扬中华造物之美。

1.1.3.7 技术传承功能

首饰就其自身的学科范畴而言，它属于工艺美术，它的实现需具备基本的材料和工艺技术。在某种程度上讲技术是首饰实现的必要因素，因而首饰的发展历史也可以说是工艺技术的探索史。首饰发展历史悠久，在漫长的历史中也探索出了多种工艺技能，一般有锤鍱、拔丝、炸珠、焊接、锻打、錾刻、熔铸、累丝、编织、镶嵌、点翠、珐琅等，其中炸珠、累丝、镶嵌、錾刻等工艺制作较为精细，形式较为精美，因而称为"金银细工"（图1-12）。随着首饰的发展和时间的推移，金属工艺也得到较好的传承和发展。夏商时期，首饰工艺还以简单的金片和金丝的加工工艺为主。宋元时期，首饰在制作工艺上开始使用锤鍱工艺，出现了浮雕纹饰的雕刻，将自然纹饰表达得栩栩如生。技术传承到明代，工艺更为精细，可谓是鬼斧神工，将前期的金属处理工艺发展成花丝，并将花丝发展到堆、垒、编、织、掐、填、攒、焊八种工艺方法。此时的金属技术加上宝石镶嵌技术，使得首饰在工艺上走向了极致，无论在形式上还是技术上都显得精美绝伦。正如饰品"金累丝镶宝石掩鬓"展示出了饰品纹饰的优美，工艺精湛，使整件饰

图1-12　金银首饰　吕纪凯作

品显得极为细致华丽。时至今日，经过历史的积淀与传承，我国金属工艺保留了多种工艺品种，也形成了非物质文化遗产。因而在今后的发展中，首饰的发展也成为工艺传承的一种媒介，对我国优秀的金属工艺发展起到保护和继承的作用。

1.2
金银细工首饰概念及其特征

　　中国是四大文明古国之一，中华文明源远流长。在丰富的文化宝藏中，金属艺术用其自身的语言谱写着辉煌的历史，成为中华文明中重要的一颗明星。金属艺术有着悠久的发展史，在其发展的过程中不仅积淀了先进文化思想，还传承着优秀的手工技艺。金银细工制作技艺是金属工艺中优秀的工艺种类，其工艺精湛，并兼具艺术性和文化性，成为中华文化艺术中最耀眼的明珠。

1.2.1　金银细工首饰概念的界定

　　"金银细工"这一名词我们并不陌生，但对于这一名词所指的工艺范畴以及如何进行概念的界定，在对金银细工首饰探索之前应尽可能地厘清这一问题。经文献资料的查找和分析，学界普遍认为金银细工是金属工艺中制作较为精细的工艺种类，是金属工艺的一部分。由此，对金银细工的认识多统一在金属工艺范畴之中，但在具体工种的理解上存在一定的差异。有的学者在阐述金银细工技艺时强调细金工艺是我国优秀的传统金属技艺，是以金、银为主要材料来开展艺术制作的工艺方式；有学者认为金银细工是我国古老的首饰制作技艺，主要分为镶嵌和花丝两个部分；也有学者认为金银细工是金银器的加工工艺，以金银为主要材料并辅以其他材料，通过锻打、钣金、錾刻等工艺方式制作出具有使用功能的金银制品。从世人对金银细工的认知中，可以看出早期的金银细工并没有恒定的名称和明确的定义。"金银细工"通常指金银工艺中的精细部分，其中含有两方面的内容，一是指针对金银材料的工艺形式，二是指金属工艺的细工部分。以金银细工为基础的首饰，自然也就具备这两方面的特征，贵金属材料和精细的技艺成为这类首饰的重要特色，也是细工首饰具有当代性特征的重要依据，因而在通常的情况下也称为"细金首饰"或"细工首饰"。为了系统、全面地对这一概念进行界定，本书将从工艺范畴、工艺手段、工艺材料与工艺文化四个方面梳理金银细工首饰的概念。

1.2.1.1 从工艺范畴理解金银细工首饰概念

金银细工在我国有着悠久的历史，工艺的发展可以追溯到商周王朝时期，至今已有近四千年的历史。当时先民掌握了锤打和包金技艺，在四川广汉三星堆出土的包金青铜像、包金手杖等黄金制品，证明了这一点。据《尚书·洪范》记载"金曰从革"，亦可说明先民已经了解金属的化学性能和物理属性。战国时期细金工艺在锻打、包贴的基础上，发展了镶嵌、錾刻工艺，并出现了金、银材料与玉石、琉璃材料的结合，在形制上开始向立体形态发展，一度打破了原来的片状成型的特点。金银细工发展到汉代，不仅继承了前期工艺的精髓，而且工艺更为完美。由于汉代设立专门的金银管理机构，因此逐步形成了规范的金银加工程序，主要为选材、制胎、錾花、花丝、镶嵌、焊接、表面处理等。此时的錾刻技艺已达到相当高的水平，纹饰的质感展现得淋漓尽致，同时花丝和镶嵌技艺也取得了更大的成就。细工技艺经汉代到唐宋有了新的发展，类别日渐繁多，据《册府元龟·帝王部·纳贡献》记载："大历二年（767），剑南四川节度杜鸿渐自成都入朝，献金银器五十床。"此时创造了吹灰沉铅制银和火镀金等方法，并发展了销金、镀金、织金、镂金、戗金、嵌金等十多种金属处理方法。此时常用的金属工艺有锤鲽、累丝、錾刻、镂空、鎏金、焊接、连珠等。后经元、明、清，金银细工所带给我们的是"精细纤柔、华美瑰丽"的感受。此时金属工艺已达到了工艺发展的鼎盛时期，工艺精美绝伦，技艺丰富而包容，已将南派的镶錾花工艺和北派的花丝技艺进行融合，形成具有江南特色的工艺风格。这与当时的工艺监管体系的成熟有必然联系，据《大清会典》中记载，养心殿造办处监督管理金银器和金银饰品的打制，并设置了撒花作、金玉作、珐琅作、镶嵌作、累丝作等机构，进行对金银制作的分类管理。当时的花丝工艺、点翠工艺、炸珠工艺、镶嵌工艺、累丝编织、镂空錾花等，都达到工艺极致状态。由于细工作坊多为官办，因此金银细工制品多是为皇亲贵胄服务，属于宫廷艺术的一种，佩戴者多是达官贵人。晚清时期，各地银作坊开始树立牌号，民国时期金银细工开始流向民间，逐步发展成银楼，其中"凤祥银楼"是比较有代表性的海派金银细工传承地。"凤祥银楼"是今天的老凤祥股份有限公司的前身，始于1848年，第一代传人是费汝明，后经费祖寿接管打理，传授给费诚昌管理，之后又经陶良宝和边炳森传承给张心一，再后来经历沈国兴、朱劲松、吴培青、黄雯等人进行传承，经过六代人的不懈努力，使得上海金银细工逐步发扬光大。2008年，金银细工制作技艺经国务院批准列入第二批国家级非物质文化遗产名录，可见金银细工包含多种传统的金属工艺和各类文化活动，是传统技艺的载体和传统文化的产物。

从金银细工的发展历程中，可知金银细工是一门传统的金属工艺，是较为精致的工艺种类，至今这种工艺在首饰制作中仍占据重要的位置，因而它是一门传统工艺形式。纵观现代首饰制作技术，金银细工技艺普遍得到应用，然而在工艺形式上又融入了当代的高新技术。首饰艺术发展到现在，其内涵和外延都不断扩充，首饰不再是单纯的装饰物，它还作为思想表达的媒介、设计艺术呈现的手段，因此从工艺范畴看金银细工首饰是传统技艺与现代技术的结合，它也是传统文化与当代设计的融合。

1.2.1.2 从工艺手段理解金银细工首饰概念

在本节开篇介绍到金银细工多指传统金属工艺中精细工艺的部分，也指传统贵金属工艺，可见细工技艺多是由多种贵金属工艺种类组成的。因而金银细工在工艺的范围内，主要包含累丝工艺、錾刻工艺、镶嵌工艺、点翠工艺、炸珠工艺、铸造工艺、抬压工艺等。另外，由于地域的不同以及工艺传承方式的差异，不同地区的金银细工在工艺范围和制作程序上拥有各自的特点。如宝庆银楼创始于清朝嘉庆年间，拥有精致的金银细工制作技艺，其工艺主要用于金银摆件和金银首饰的制作和加工，工艺的程序一般为绘制图稿、塑形、翻模、组装、焊接、錾刻、抛光、景泰蓝、镶嵌、装配等多道工艺流程。上海老凤祥所传承的金银细工，也是至今影响较大的金属制作技艺，其工艺使用范围较广，一般有奖杯、奖牌、器皿、摆件、佛像、佛具、物象、建筑模型、首饰等，由于受到现代经济以及当代设计的影响，细工种类不断扩展，如纪念币、银雕贴画等（图1-13）。上海金银细工是一门极为精细的工艺，工艺手段较多，主要有抬压工艺、錾刻工艺、钣金工艺、捶打工艺等，工艺程序相对复杂，一般要经过绘制图稿、稿件打样、制作泥塑、计材下料、钣制成形、抬压锻打、錾刻细部、表面处理、组装成形等多道制作工序，其中有些工序要反复运用，经此过程也就创造了精美绝伦的细工产品。

金银细工拥有多种工艺成分，由于地域的差异和工艺程序的不同，造就了丰富多彩的细式式样。因此，以金银细工技艺为依托的首饰种类也较为丰富，一般有：花丝首饰、镶嵌首饰、錾刻首饰、点翠首饰、珐琅首饰等。以工艺手段对金银细工首饰进行界定，可使我们更为清晰地了解细工首饰的种类，这样我们才能更好地探索细工首饰的创新应用。

图1-13 老凤祥银雕贴画

1.2.1.3　从工艺材料理解金银细工首饰概念

从"金银细工"名词中可推断，此类工艺所用材料多为贵金属中的金、银等，这一推断在工艺文献中得到了证实。在各阶段的细工技艺中可以看出所使用的材料为黄金和白银，即使用铜作为材料也采用铜镀金的方式。其原因与中国的门第观念有着密切的联系，古人将事物匹配常以门当户对为原则，精美的工艺需与贵重的材料进行结合，方能凸显工艺品的尽善尽美。在细工技艺中，除去基本的金、银材料外，还常配有宝石材料，正因这类材料的文化性和社会性，使得金银细工首饰具有了特殊的含义和功能。在现代，即使金银细工在材料使用的范围上有所扩展，但金银等贵金属材料还是这类饰品的主要材料。另外，金银作为工艺的最主要材料还有另一个原因，就是工艺的适应性。金银细工的加工方式多为锻打、錾刻、拔丝等，这些工艺特征要求材料应具有一定的延展性和柔韧性，黄金、白银恰好具有这类属性。纯金、纯银材料质地柔软，且具有较好的延展性、可塑性、稳定性，可以打制成片也可以拉成细丝，更利于纹饰雕琢，并具有较好的色泽和寓意，因而成为工艺的绝佳材料。作品《润物》就是运用银的延展性，将银料拉成细丝，运用花丝工艺制作而成（图1-14）。从某个角度讲，金银细工首饰多是指金银珠宝首饰。

图1-14　作品《润物》　田伟玲作

1.2.1.4　从工艺文化理解金银细工首饰概念

由于细工首饰的特色工艺和材料，常被赋予纪念意义，因而谈到首饰多会联想起一些重要的活动或事件。一方面，细工首饰多采用贵金属材料和宝石材料制作而成，材料色泽美丽且具有较好的经济价值，能够承担起某种象征意义；另外，这类材料易于保存，并能长期、稳固地保持原有形态，不易变形。因而从传统意义讲，首饰多是指细工首饰。

由于细工首饰制作精美、材料昂贵，因此这类首饰常被赋予

图1-15 蝙蝠葫芦金錾 吕继凯作

美好的寓意。从古至今，从遗留下来的细工首饰中可以看出，大部分的首饰在装饰纹样、造型特点上都极具内涵意义，承载着中式审美方式和吉祥文化寓意。此外，金银、宝石材料在中国传统文化中本身就具有吉祥、美好的寓意，因此用此类材料所做的首饰也就被赋予了美好的文化内涵（图1-15）。通常情况，金银细工首饰多承载着美好、圆满、富有、吉祥等文化寓意，因此从文化角度理解金银细工首饰概念，多是指赋有美好寓意的金银、珠宝首饰。

1.2.2 金银细工首饰的种类

1.2.2.1 首饰的分类方法

谈及首饰，多数人会想到胸针、吊坠这类生活中常见的饰品。然而，随着人类生活方式、审美习惯的变迁，以及对首饰技术、材料的体验，首饰内涵、风格、功能走向多元化状态，首饰的种类也逐渐丰富。国内首饰在继承传统的器、道观念的基础上，还吸收了外来文化思想，呈现出观念化、个性化、主题化的特点。经过长久的积淀，当今的首饰产生了种类繁多的首饰形态，也形成了丰富的首饰种类，对首饰类型的归类整理，有助于全面、系统地掌握首饰知识。

（1）按首饰的装饰部位分类

首饰多是以人体的结构为基础进行设计的，按照首饰的装饰部位划分，可对首饰有直观的认识。首饰按身体的装饰部位，一般分为头饰、面饰、耳饰、项饰、臂饰、鼻饰、手饰、胸饰、腰饰、腿饰等。由于中国注重头部的装饰，且饰品的最初形态多为头饰，因而头饰的种类比较丰富，一般有：簪、钗、冠、步摇、胜、头花、插花、额饰、发卡等，对头发起到一定的装饰和固定作用。面饰也是常见的首饰类型，但不如头饰普遍，主要有：钿、花黄、美人贴等。臂饰和手饰主要包含臂钏、手镯、手链、手铃、手表、戒指等，以及用于固定衣服的纽扣。胸饰一般有：胸针、胸花、别针等。耳饰和项饰主要有：耳环、耳坠、耳花、耳珰、耳钉、项链、吊坠、项圈、璎珞等。鼻饰在生活中的佩戴并不普遍，一般有：鼻塞、鼻栓、鼻环、鼻贴等。腰饰和腿饰主要包含：腰带、腰坠、带扣、带钩、脚钏、脚镯、脚链、脚铃等。

（2）按制作工艺分类

我国金属工艺历史悠久，工艺精湛，在历史的长河中，积淀了多门金银细工，彰显了大国工匠风范。各工艺门类之间既有一定的联系，又有不同的艺术风格。从工艺品种的角度进行分类，主要有：花丝首饰、点翠首饰、珐琅首饰、錾刻首饰、铸造首饰、镶嵌首饰等。

（3）按饰品的风格分类

现代首饰经历多元思想的洗涤，在品类、风格上都有别于传统首饰。根据首饰所呈现的风格分类，可将首饰分为：古典类型的首饰、高雅首饰、自然型首饰、浪漫型首饰、乡情首饰以及怀旧型首饰和民族风格首饰。

（4）按首饰的材料分类

在现代，由于首饰的制作材料较多，也可按首饰材料的不同对首饰进行分类，一般分为金属首饰和珠宝首饰两个类别。金属首饰按照金属材质的属性，又可分为：贵金属首饰、普通金属首饰、特殊金属首饰。贵金属首饰主要有：白金首饰、黄金首饰、包金首饰、白银首饰；普通金属首饰分为：铜首饰、铝首饰、铅首饰、钢首饰、铁首饰以及现在市面上统称的"合金首饰"；特殊金属首饰，一般包含：稀金首饰、亚金首饰、亚银首饰、烧蓝首饰、轻合金首饰、黑钢首饰、仿金首饰等。

珠宝首饰类型更是丰富，可以根据宝石的档次进行分类，一般分为：高档宝石首饰、中档宝石首饰和低档宝石首饰。高档宝石首饰，主要指由名贵宝石制作而成的首饰，一般有：钻石首饰、祖母绿首饰、猫眼首饰、红蓝宝石首饰等；中档宝石首饰主要包括：珍珠首饰、欧泊首饰、珊瑚首饰、玉石首饰等；低档宝石首饰主要有：水晶首饰、玛瑙首饰、绿松石首饰、青金石首饰、孔雀石首饰、大理石首饰等。

（5）首饰的其他分类

除上述的分类方法外，首饰还有其他分类方式。根据首饰的价值进行分类，可将首饰分为：名贵首饰、高档首饰、中低档首饰、廉价首饰。根据佩戴者的职业、身份的特色进行分类，一般有：宴会首饰、时装首饰、日常首饰、学生首饰、医务首饰、军警首饰。按照首饰的用途分类，可分为：摆件首饰、日常首饰、婚嫁首饰、艺术首饰等。

首饰的分类方式繁多，从首饰的分类中，可以思考首饰设计中的侧重点。每一种首饰都蕴含着饰品发展的脉络和分支，只有厘清它才能更好地进行设计创新。

1.2.2.2　常见首饰的种类

中国经历了漫长的文明发展史，素有文明古国之称，在此进程中也为首饰积淀了雄厚的历史文化。中国首饰凝结了传统造物智慧和思想，形成了独特的艺术形式。中国传统手工艺重视人与物的关系，注重用与美、文与质、心与手等因素的和谐关系，并注重事物外观与内在精神的统一，使用与审美的统一，以及感性与理性的统一。在中式美学思想的影响下，古代首饰呈现出高度的和谐，也展现了各种社会的制度与规约，从而发展出各种类型的首饰。中国首饰种类较多，在此按照首饰的佩戴部位来介绍一下常见的首饰种类和演变关系，以便于当代首饰设计的创作。首饰发展经历漫长的岁月，要想清晰、全面地了解中国首饰式样及种类，可从古代、现代两个角度分类介绍。

（1）古代首饰种类

古代首饰发展经历了漫长的进化阶段，拥有丰富的文化内涵、技术手段和造型方式。对古代首饰的学习，可为当代设计起到追根溯源的作用，使国内首饰设计立足本土文脉，走向国际。古代首饰的种类，随社会制度、礼仪规约、文化风俗等因素不断地充实、变更，为当代首饰发展提供案例参考。在此，按照首饰的装饰部位，对古代饰品的种类展开介绍。

① 头饰

中国饰品多对头部进行装饰，尤其是在礼教的作用下，非常重视发式服装的修饰与传统伦理道德的关系，因而古代头饰较为盛行。

羽饰，指以鸟兽的羽毛为材料作为装饰。早期先民有将羽饰插于头上的习俗，这一活动或是出于装饰需求，或是出于图腾崇拜，是原始居民中常见的饰品类型。如《古史考》中记载："太古之初，人吮露精，食草木实，山居则食鸟兽，衣其羽皮……"，"羽"在中华传统文化中占有重要的位置，中国古代历来都有尊鸟贵羽的习俗。在神话传说中，鸟与太阳神有一定的关系，部分故事中鸟是太阳的使者，部分故事中鸟是太阳的象征，如神话故事"日中踆乌"，显示了古代鸟与神力、富贵有着某种联系，羽毛也成为吉祥饰品，在古代较为盛行。

簪，早期也称为"笄"。簪是中国古代常见的束发器，其主要由簪头和簪身两部分组成。簪头多为雕刻纹饰，造型、体量与当时审美习惯相吻合，多为扁平状；簪身为细长形，为一股，靠近簪头的一端略粗些，靠近末尾的一端略细，呈细锥状以便于使用。簪是中国古代发饰中数量占比最大的一类饰品，是束发成髻的必要工具，且男女通用，因而簪的造型比较丰富，有花卉、鱼鸟、瓜果、动物、人物等，其除固发、装饰外，还被赋予了多种功能，比如簪作为礼仪之器而使用。中国古代，在人的成长过程中存在各种礼仪制度，孩童亦是如此，无论男女，成年都会举办"成年礼"以示成人。比如《礼记·内则》中记载："女子……十有五年而笄"，用于这类仪式的簪，就具有特殊意义。另外，古代也有时尚之风，簪的款式和佩戴方式也同样显示了古代佩戴者对潮流、时尚的追逐。

钗，是古代较为常见的头饰，经常与簪并称。在形制上与簪不同，簪为一股，而钗为两股。《说文解字·新附字》中谈到，钗，笄属，从金叉声。在《释名·释首饰》中载"叉，枝也，因形名之也。"从古籍中可得出，钗是根据它的形制而得名。钗的式样丰富，有折股钗、花头钗、多首钗、博鬓钗、竹节钗等，其功用和簪相似，主要用于固发和装饰。由于钗的造型更适合于金属材质制作，从而使饰品具有了弹性，且钗拥有两股钗身，因而适合于梳妆高大的发髻（图1-16）。从对资料的梳理中发现，钗的材

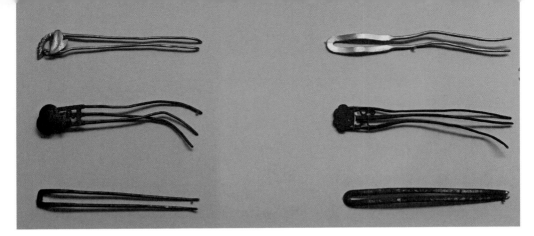

图1-16　金、银钗（明）　李凯旋摄

质种类较多，一般有木、骨、玉、玳瑁、银、铜、金等。通常情况下，金属材质的钗多与点翠、宝石镶嵌、烧蓝、累丝等精细工艺结合制作而成，也因此有些精美的钗被称为"宝钗""花钗"。

摘，是一种扁平、细长的发饰，一端无齿呈圆首状或方首状，一端有细小、密致齿缝，与现代梳子的瘦长版相似。摘发明于周代，兴于汉，西汉后期就比较少见，是介于簪、钗之间的一种饰品。它具有一定的束发、篦发、搔头、装饰功能，但由于后期发式的改变，其功能性减弱逐渐被其他发饰所取代。摘一般采用一块材料雕刻而成，根据它的造型特点，常用的材质一般有：角、骨、竹、玳瑁等。

梳、篦，是一种理发用具，并具有固发、洁发和装饰的作用。梳和篦形制非常相似，它们的区别主要在于齿的疏、密度，齿疏者为梳，密者为篦。日常中，梳常作为理发器具使用，而篦常作为洁具使用。梳和篦主要由梳背和梳身组成，梳背有长方形、方平形、半圆形，在不同时期有不同的装饰图案，主要有T字纹、8字纹、饕餮纹、鸟兽纹、云纹、几何纹、植物纹等。梳、篦多以硬质材料为主，以便于雕刻和使用，根据材料可将梳分为石梳、骨梳、象牙梳、木梳等。在原始社会时期，还出现了两种材料结合的梳篦，比如"玉背象牙梳"，梳背和梳身采用两种材料结合，可见当时已经掌握简单的材料镶嵌方式。

步摇，主要起到装饰作用的头饰，约在商周时期出现。刘熙《释名·释首饰》中记载："步摇，上有垂珠，步则摇也"，因而步摇的名称主要取之于行动则摇。步摇的佩戴形式比较灵活，有时与冠、簪、钗组合使用形成步摇冠、步摇簪。早期的步摇饰品有木质也有金属质，后期则以金属质地为主，其中金摇叶居多。约在隋唐时期，这种装饰金摇叶的步摇逐渐消失，取而代之的是一种在簪、钗头部悬挂饰品碎件的首饰式样。在制作方法上后期步摇多以金丝制成的弹簧状物进行链接，链接的金属片纹饰多为打造而成，工艺上运用到錾刻、累丝等细金工艺，呈现精美、别致之风。

钿，是中国古代一种镶嵌有金翠、珠宝、栗珠、贝壳的首饰，有金钿、宝钿、钿筐之称。钿的运用方式比较灵活，可与簪、钗、梳背等饰品结合使用，也可单独使用，主要起到装饰作用。古代后妃、命妇常佩戴宝钿，佩戴的数量要与品级相吻合。日常生活中，妇女经常佩戴形式自由活泼的钿类首饰，常做花朵形，因而称为花钿、钿花、朵钿，其背面有穿孔或钮、带，可佩戴在簪、钗的首部，形成钗花、步摇花等。

冠，是中华礼仪制度下的重要饰品，《说文解字》中记载："冠，絭也，所以絭发，牟冕之总名也"，"冠有法制从寸"。"冠"字本身就是中国封建社会等级制度的一个缩影，因只有贵族才可以戴冠，冠是一种身份的象征。贵族男子20岁，要行冠礼。在《礼记·曲礼上》中记载："男子二十，冠而字。"少年男子行过冠礼，表明已经成人，需承担起对社会和家庭的责任，所以古人把戴冠看得非常重要。古时，冠的佩戴具有一定的制度性，是身份等级的象征，如"在身之物，莫大于冠"。冠的佩戴主要适用于两种情况，一种是礼仪性用冠，主要用于册封、朝会、宴请、婚嫁等礼仪场所，这类冠式多采用贵重材料和工艺制作而成，并且在配饰的种类、数量、材料的应用方面都有严格的规约；另一种是常服冠，这类冠式相对活泼，纹饰常用花鸟纹，常与簪、钗搭配使用。约宋代时期，妇女佩戴冠饰较为普遍，冠饰成为装饰头部的主要饰品。

古代头饰类型较多，除去上述的几种类型还有：胜、假发、鬏髻、花树、媚子、巾等。

② 耳饰

中国耳饰历史比较悠久，从石器时期就有佩戴耳饰的习惯。后来由于礼学的发展，认为身体发肤受之父母，不能对完好的身体进行破坏，因而耳饰进入发展的迟缓期。直至宋元时期，世俗文化开始发展，随之世俗审美逐步影响到社会权贵，并随着理学思想的发展，加固了女性的道德枷锁，男、女分化更为明显，耳饰也作为女性的标志被社会各个阶层推广，并逐步兴盛起来。时至今日，耳饰的佩戴仍以女性为主流。

玦，其形状以扁圆形环带为主，带有缺口，有"天圆地方"的象征意义。经过历史的演绎，玦的造型、纹饰发生着变化。初期，以扁平形为主，后来出现了带有一定的具象形特征的玦，之后又在具体形状的基础上带有明显的纹饰。从玦造型变化，可看出人类从最初的自然崇拜开始转向对权势、礼制、财富的崇拜。玦在形制上较为丰富，主要有：扁体形、凸纽形、管柱形、圆珠形、兽形、玦口联结形、人形、玉龙形、三角形等。由于自然崇拜和玉石文化的兴起，玦在材料上以玉石材料为主，也有金属材料和骨质材料的应用。据推测，玦有三种佩戴方法。一是将耳唇穿孔并将玦穿过耳孔进行佩戴，这种佩戴方式与现代的耳环、耳钉的佩戴相似；二是将玦的缺口部位夹在耳唇或者耳廓进行佩戴；三是用绳线系在耳朵部位进行佩戴，据考古发现，有很多玦的边缘都钻有小孔，可能也是起到佩戴作用，也可能是与其他饰品相结合佩戴。

瑱，又名"充耳"，棉质的瑱称为"纩"。瑱的出现比玦的年代稍晚些，其形式多样，有珠形、蘑菇形、收腰圆筒形等，形式不一。它的制作材料以玉石、玛瑙、水晶、陶瓷、煤精、骨质、棉布等最为常见。相传瑱的佩戴方式有两种，一种是与玦相似，将耳唇穿孔并将瑱嵌入耳孔中；另一种是与冠饰、簪钗配合使用，将其用丝线悬挂在耳朵旁，长度与耳际相符，用作装饰或塞住耳朵，男女均可佩戴。自周至明代，在皇帝的冕冠上多饰有充耳，其悬挂的位置正好垂于耳际，以示不该听的事情不要听。正如《礼纬》中载："旒垂目，纩塞耳，王者示不听谗，不视非也。"这正是"礼制至上"制度的产物。

耳环，简称"环"。耳环最初以简单的环形，且以素面金属环为主。有的是环形，两端为扁平状；有的是椭圆形，其中一端扁平一端尖细；也有整体为倒U形，一端为扁形喇叭状，一端呈钩状、尖状。后来环的形制更为丰富，其造型逐渐转换为装饰有纹饰并戴有环脚的形式，装饰的纹饰种类较多，有福寿文字纹、花卉瓜果、吉祥瑞兽、日月祥云等。如辽代耳环中，摩羯形耳环比较有特点，其为鱼身鱼尾的形态，此类纹饰的运用与当时渔业的发展有较大的关系（图1-17）。耳环的材料以金属材料为主，有的

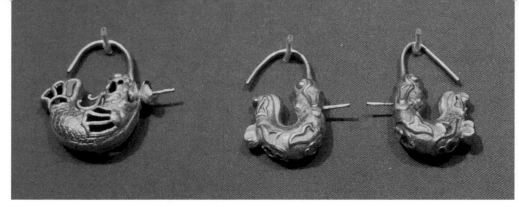

图 1-17　摩羯形金耳环（辽）　内蒙古文物考古研究所藏　李凯旋摄

镶嵌宝石。由于金属材料的使用在工艺上更为丰富，所以有简单的素金锻打、锉磨工艺，也有精巧细致的点翠、珐琅、累丝工艺。在西北地区卡约文化中发现了三环金耳饰，耳饰由素面金丝弯制而成。

耳坠，又称"坠子"。耳坠形式与耳环相似，上端为环形钩状，下端饰有不同形式的装饰纹饰。耳环末端的装饰物与环钩之间不可活动，并且其环钩多为弯曲状，而耳坠结构分明，下端的装饰物与上端的环钩采用灵活的结合方式，可自由活动。耳坠的主体材料为金属材料，有时镶有玉石、玛瑙、绿松石、珍珠等宝石材料。耳坠的形式更是多样，发展前期，悬挂坠饰相对朴素，以简单的悬挂结构为主，如战国时期"金镶松石耳坠"，其结构为三层，一层为圆形金钩环；二层为两端包金中间镶嵌有绿松石的椭圆形体，其中包金上饰有细小的金属粒；三层为三片细三角形的金摇叶，使整件饰品看起来朴素大方。耳坠发展后期，结构、纹饰也逐步复杂，其中一些纹饰带有中国特有的吉祥符号，如同心结龟游耳坠、执荷叶童子纹等。

丁香，又称"耳塞"。与现代的耳钉的功能相似，其形式与耳环相似，丁香的顶端为钩环状，耳环的前段为S形弯曲状。丁香的钉头多镶嵌珠宝玉石，体态轻巧，主要固定在耳垂之上，多流行于明清时期。丁香在材料上多采用金属材料，一般为金、银、铜、锡，镶嵌用的材料多为常见的珠玉彩宝，也有琉璃等材料。

耳钳，也是传统首饰的一种形式，这种耳饰无须穿耳洞就可以佩戴，是靠夹钳挤压耳垂起到固定作用。耳钳的造型与耳坠相似，多以坠饰为主，材料以金属材料为主，并镶有宝石。由于此款饰品的佩戴方式为挤压于耳垂之上，因而不宜长时间佩戴。

③ 项饰

在中国古代，项饰并不像其他类型的首饰一样，在饰品种类中占据重要的位置，古籍中对项饰的记载较少，在清代的时候统治者才开始重视项饰。

项链，是项饰门类中最为常见的种类。传统的项链主要是指用线将金属、玉石、骨头等穿成串，并悬挂于胸前的饰品，其连接方式为软连接。古代项链按串联方式不同一般分为三种，主要为串珠式、挂坠式、综合式。串珠式，一般将制好的管、珠、片等饰品部件，按照一定规律串起来。这类饰品从形式、色彩、材质、排列方式上都比较统一。挂坠式，在连接方式上与串珠式相同，不同的是在项链的中间一般会悬挂一个坠子。综合式，主要是指将管、珠、璜、坠等饰品的部件进行搭配串制，形成工艺考究、形态优美的饰品形式。项链出现得比较早，原始社会初期就已经出现，其形式初期较为简单，多为管、珠等几何形态的串制，后期形式复杂，多呈现精美纹饰。如图1-18所示这件组佩，就是采用宝石珠和管搭配串制而成，形态富有节奏和韵律。项链在制作材料上，初期材料以天然可见材料为主，如砗磲、骨头、牙齿、玉石、玛瑙、珊瑚等，后期出现了以金属材料制作的链条和坠饰，反映出首饰形制与技术制约的关联。

图 1-18　组佩（西周晚期至春秋早期）　田伟玲摄

项圈，指用于装饰在颈部的圆环形的饰品。此类饰品约出现在晚唐，元明时期出现得较少，清代逐步被称为"领约"（图1-19）。古代项圈常用材料以金、银为主，有时会镶有宝石材料，呈现出工艺精湛、形态优美之势。此外，项圈常与长命锁、玉石牌搭配使用，赋予佩戴者平安健康的寓意。正如《红楼梦》第三回中载

图 1-19　银镀金镶珊瑚领约（清）　李凯旋摄

"仍旧带着项圈、宝玉、寄名锁、护身符等物。"基于世俗的理想，项圈佩戴者多为孩童和妇女。基于佩戴意义，有的在项圈上雕有寄托希望的吉祥符号，或是直接将"金玉满堂、长命富贵"等祝福词语刻在饰品的背面，带有浓浓的祝福气息。

璎珞，是一种用珠玉等材料穿成的装饰品。璎珞原是印度的一种饰品，随佛教传入中原。起初只适用于佛像，在日常佩戴中不常出现，约在晚唐时期璎珞作为项饰开始佩戴在女性胸前，辽代时期得到盛行，在佩戴的身份上不限男女。璎珞梵文本意是以宝石材料串成的装饰品，其材料多为贵重的宝石材料，如珍珠、玉石、玛瑙、琥珀、珊瑚、绿松石等。由于材料的原因，它的色彩丰富，有白、蓝、红、绿、黄色等，饰品显得晶莹剔透、华贵绚丽，极具装饰性。璎珞的组合极有规律，一般由三层组成，也有华贵者可达四层、五层。上层由圆柱串成，中层多是由红色珠串成花瓣形状，中间有大颗粒饰件间隔开，最下面一层多由椭圆形、圆形的珠子串制，并坠有大颗粒宝石饰件，极为华丽。

朝珠，又称"素珠""数珠"，是佩戴在清代朝服上的串饰，悬挂于颈部并垂于胸前。朝珠由108颗珠子组成，其中在27颗小珠之间隔有一颗与其他珠子不同的大珠，整串朝珠共有4颗大珠，这种大珠称为佛头，通常由珊瑚、玛瑙、翡翠等颜色鲜亮的材质制成，上、下、左、右各一粒，均匀地将朝珠分成四等份，象征春、夏、秋、冬四个季节。朝珠两边附有3串小珠，左二右一，名为"记捻"，每串缀有10粒珠子，象征一个月的上、中、下旬，共计30天（图1-20）。朝珠的整个造型规整、严密，不仅具有完整的视觉效果，还具有严格的思想意义。造型中力求整齐、对称、均衡、圆满，布局中体现求全求大的造物思想，推崇硕大丰满、完整团圆的视觉形象，其中"全"和"满"体现了吉祥和美的内涵。朝珠还是身份的象征，不是所有人都可以佩戴的，对于佩戴有严格制度可循。男子中除皇帝、皇子外，还有王公及文职五品、武职四品以上的官员，以及在翰林、科道等职位工作的大臣等皆用朝珠。女子中除

图1-20 东珠朝珠（清） 李凯旋摄

去后宫嫔妃、皇女外，还有福晋以及五品以上的命妇等也佩戴朝珠。朝珠的佩戴要与朝服、吉服互搭，并且根据官职级别的不同，选用不同的材质、色彩来区分身份等级。

④ 臂饰

臂饰，主要是指用于手臂部位的装饰品。从古至今，臂饰一直流行于日常佩戴中，古代臂饰多兴盛于民间，较少录入官方服饰制度中，只有在明代皇后"燕居冠服"和"命妇常服"中有简单的记载。究其缘由，主要是因为古代佩戴首饰往往出于对身份权势的象征功能，常将这类饰品佩戴于最显眼的位置，比如我们前面所讲的冠饰。而臂饰在佩戴的过程中，一般是隐在衣服内，因而不怎么受到重视。

瑗，在石器时代，由于当时的臂饰采用玉石材料制作而成，又因玉石在古籍中常称为"瑗"，所以臂饰多为环形又因玉质故称为"瑗"。瑗的外形为圆环状，中间孔径要大于整个圆形直径的一半，边部宽大厚实，整体呈扁平状，也有的瑗雕有纹饰（图1-21）。

环、钏、镯，环与瑗属于同系，瑗是环的古称，都属于玉质类的饰品。钏和镯有时可以相通，属性从金，在《说文解字》中载"钏，臂环也，从金川声。"钏，俗称"镯子"，与现代的手镯相同。其形状多为环形，式样较为丰富，有素金的，也有的雕有龙纹、凤纹、花卉、连珠等纹饰（图1-22）。总之，这类臂饰的材料比较丰富，常见的材料一般有金属、玉石、牙、骨、陶瓷、竹木等。在形式上有闭环和开口环，闭环一般为封闭的环形，只有金属材质的可开一口，可适当地调节大小。

图1-21 绞丝纹瑗（战国中期） 田伟玲摄

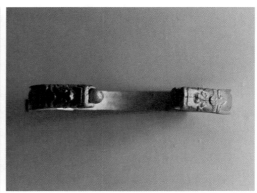

图1-22 二龙戏珠纹金镯（明） 李凯旋摄

跳脱、缠臂金，多是指具有螺旋、重复结构的饰品。这类臂饰主要用于装饰手臂，跳脱环圈的重复不只是一圈两圈，有的可多达十几圈。跳脱，也称为"钏""缠臂金"，主要装饰在臂部，正如《字汇》中所记载的："钏，古谓之挑脱，金条旋匝"。这类臂饰早期以素金细条缠绕为主，由于技术和审美取向等因素的影响，后期的臂钏在金属片上錾刻有精细的花纹。古时，将錾有纹饰的跳脱称为"金钣花钏"，将没有纹饰的跳脱称为"素面金钏"。跳脱这类臂饰在前秦时期就已出现，唐宋时期较为流行，直至辽金和清代逐渐萧条。

五色缕，也称为"长命缕、续命缕、朱索"，是由五种颜色的彩绳编制而成，并装饰在臂部的饰品。这一饰品在现代也较为流行，常用于端午时节，佩戴五色缕以保平安。五色缕是由汉代时期的朱索演变而来的，原是五色绳线，用来起到驱灾辟邪的功效，这的五色一般指"青、赤、黄、白、黑"五种颜色，与中国传统的五行思想相符，所以被称为五色缕，将其系于臂上有续命、辟邪的功效。

臂串，也称为"腕串""手串"，通常是指将珠玉、管玉等部件，穿起来装饰于手臂部位的饰物，与现代的手串相似。其形制和古代项链相符，都是以软连接的方式制作而成，不同的是装饰部位不同。臂串的式样较多，有的将珠玉穿成一串，也有的穿成多环。在式样上，早期以素面珠子为主，逐渐开始出现带有纹饰的臂串，有的在玉石上雕琢出吉祥符号，给佩戴者起到"驱邪避灾，保护安宁"的心理安慰。这一观念一直影响着人们的佩戴目的，直到清中后期，手串才开始摆脱这一思想的束缚，开始追求饰品的装饰性。臂串在材料上应用较为广泛，前期以玉石为主，后期增加了香木和金属，还有一些其他的材料也用于这一饰品，比如：琥珀、玛瑙、煤精、水晶、绿松石、珍珠等。以香木制成的手串多带有香味，故称为"香串"，由于香木可用作药材，并有保健、止痛的功效，因而被认为有辟邪作用。另外，香串都是珠形，也用于念经时计数。后期由于金属材料的应用，臂串在制作方式上采用了链条式的链接方式，因而其形式更为灵活，与当代的手串有一定相似性，且纹样饰件更为丰富。

臂饰在石器时代就得到较大的发展，由于后期服装形式的变化，使得袖口变宽，因而装饰在手腕的饰品不易外漏，臂饰的发展出现了消减的迹象。汉代时期，贵族服饰中衣袖的长度增加，为了防止袖口的滑落，人们开始佩戴手镯以起到预防的作用，也正因此功能，金臂饰常称作"压轴"。

⑤ 手饰

手饰，主要是指佩戴在手上的装饰品。这类首饰在日常生活中比较常见，拥有广泛的消费群体，青年人、中年人、老年人都喜欢佩戴手饰。出现这种现象的原因可能是手部是最显著的位置，无论从事什么活动，手都是重要的执行者，与其他佩戴位置相比，手成为视觉的重点。另一个原因，手部的装饰多为小饰品，饰品的价格普通百姓都能接受。

戒指，又称"约指""金镏子"，指装饰在手指上的装饰物。由于其形式为环状，古时根据其造型称为环，并根据材料的不同，有"金环""银环""玉环"之分。戒指自古就有信物的意义，在汉代古籍定情诗中有类似的记载，交换银质戒指以示情坚，这类习俗一直延续至今，因而有了现代的对戒。古时，戒指多采用金属制成，主要有金、银、铜等材料，同时也与玉石、珍珠、玛瑙、松石、琥珀、红蓝宝石等材料搭配使用（图1-23）。戒指的式样多姿多彩，有粗细相等的金属条制成的圆环形戒指，这类戒指有单环和多环之分；有开口形戒指，可用于调节戒圈的大小以适合手指

图1-23　金镶珍珠戒指（清）　李凯旋摄

的粗细；还有的戒指是带有戒面的，这类戒指是在戒环的基础上发展而来的，在戒环的顶端有一宽面，用于镶嵌宝石或者雕琢纹饰，有的还雕有家族图案或者印章，以作传家、掌家之用。前期戒指整体造型较为朴素，后期由于工艺的发展，造型显得华美精致，珠粒、累丝、錾刻等细金工艺都用于戒指的制作之中。戒指，最初称为"指环""手记"，主要源于戒指作为后宫嫔妃标记物这一作用。古时，帝王嫔妃一般发配两枚戒指，分别是金环和银环，将不同的戒指佩戴于手上作为是否可以侍奉帝王的标记，因而被称为"手记"。戒指这一名称是在元代出现的，主要来源于手记的功能，女性佩戴戒指标志着已名花有主或已成为人妇，以起到对行为的约束作用。此外，在中国古代造物文化中，讲究"藏礼于

器""器以载道"的美学思想，指环的"环"与"还"谐音，寓意着佩戴者早日还乡，与家人团聚之意。除此之外，戒指还有信物的功能，在女子成婚时下聘、嫁娶中起到聘礼的作用，用作定情之物。

扳指，又称"搬指"和"班指"，主要是指佩戴在右手拇指上的戒指，具有较强的使用意义和装饰意义。扳指主要在拉弓射箭时佩戴，以防拉弓时弓弦对手造成划伤，因而扳指的形制多宽厚，为桶状，以起到保护作用。扳指的材料以硬质材料为主，一般有：玉石、翡翠、玛瑙、琥珀、牙、骨、木等，通常以玉扳指居多。

护指，又称"指甲套""指套"。护指主要出现在清代，是指用于装饰和保护指甲的饰品。清代贵族有留指甲的习惯，指甲越长就越说明佩戴者参与劳作的时间越少，以此可以显示出身份的高贵。因此，清代贵族女性常佩戴护指，以便保持指甲的修长。护指不仅可以保护指甲，还可以对手型起到修饰作用，让手看起来更为纤细优美。护指的长度根据需要不同，有3厘米至15厘米不等，其造型多为上宽下窄，成细长的锥形，戴在手上靠近掌心的一面为平的，背面为圆弧状。在材料的使用方面，护指一般采用金属材料，主要有金、银、铜镀金等，也有的镶嵌宝石材料，一般有珍珠、玛瑙、翡翠、红蓝宝石、玳瑁等。护指的式样较为丰富，有素金造型，也有宝石镶嵌和点翠材料的使用。一般以镂空雕花的形式为主，在纹饰上有缠枝花卉纹、万字符、文字纹、葵花纹等，这类纹饰多呈现出致密、饱满的装饰特点，显得华贵富丽。护指一般以两个为一套，且两个在式样上相同。

（2）现代首饰种类

现代首饰结合当代生活方式，又与当代设计思想融合，在种类上继承了传统首饰的部分种类，又有新的补充。现代首饰由于融入先进技术、新材料、新思想，种类比较丰富，在此依然按照首饰的装饰部位，展开对现代首饰种类的介绍。

① 头饰

相较于传统的服饰制度，现代人穿着打扮更为随性，没有具体的章法规定。在礼教解放下，头饰的佩戴并不似以前那么重要，加之现代崇尚简约、舒适的生活方式，发型较为简单，因此现代头饰在种类、式样等方面都没有古典饰品那么丰富。一般主要有以下几种类型。

发卡，是现代较为常见的束发器，主要对发饰及整体气质起到装饰和烘托作用。发卡的式样较多，以造型方式进行归类，主要有花卉型、动物形、几何形、建筑类、人物等，造型方式比较灵活，在式样上不拘一格。此外，发卡的材料也是各式各样，有价格昂贵的宝石和贵金属材料，也有相对便宜的银质材料，更有较为低价的合金与塑料材料，根据使用的场合及服饰的类型，来选择与之相符的饰品。

发带，发带的功能与发卡相似，主要对发型起到固定和装饰作用。不同的是结构之间的差异，发卡是带有弹跳结构的卡子，而发带是由韧性绳带制作而成的，材料以纤维材料和软性材料为主，形制和花色比较丰富，佩戴方式灵活自由。

冠饰，在现代也较为常见，形式较为雷同，由于受到西方文化影响，其式样和款式与西方皇室王冠相似。现代冠饰的装饰功能一般大于使用功能，多用于参加礼仪活动，如宴会、节日庆典、婚嫁活动等，对装束起到提升和点缀作用，以突出活动的仪式感。其材质多以金属镶嵌宝石材料为主，根据场合的不同使用的材料也各不相同，有贵金属与高档宝石结合，也有普通金属与低档宝石或者人造宝石的结合。

现代头饰与传统头饰相比类型略少，其功能多是对人体或是对服装款式的装饰和搭配。由于受到当代多元文化的影响，饰品的造型自由、活泼，带有浓厚的人文主义色彩。

② 耳饰

现代耳饰随着技术的更新和多材料的应用，在式样和款式上较为丰富。现代的耳饰在继承传统耳饰的基础上，又结合当代审美和佩戴习惯发展出新的种类，一般有：耳环、耳坠、耳钉、耳线、耳钳等。

耳环，在形制上与古代耳环有一定的相似性，造型都是呈环状，不同的是穿耳部分采用细钉形。耳环的造型较多，有圆形、椭圆形、三角形等几何造型，也有具象的植物、动物造型。在工艺上和材料上更为灵活，有素金、宝石镶嵌，还有如纤维、塑料、陶瓷等材料的使用。

耳坠，现在的耳坠形式多样，极为丰富，有仿古系列、简约系列、时尚系列等。在材质上有素金、宝石镶嵌以及其他综合材料的应用，佩戴者可根据个人审美、出席场合、衣服穿搭等因素，选择合适的耳饰进行搭配（图1-24）。

耳线，是一种新型的耳饰种类，其形式为
顶端为一细针，用于穿耳并固定于耳唇上，下
端为垂挂的长线。这款耳饰由于线的长度可以
调节，可以起到修饰脸型的作用。耳线在材料
上多使用金属材料，一般有黄金、K金、铂金、
银、合金等。在形式上以长细线为主，也有的
在线的末端坠小饰件，但饰件的体积不宜过大，
以小巧灵便为主。

耳钉，是现代耳饰中较为娇小的一款耳饰，
是以"点"的形式嵌于耳部。现代市面上耳钉
的结构基本相同，都是由钉面和钉身组成。顶端饰面的式样丰富
多彩，有圆形、三角形、方形等几何形，也有鱼、鸟等动物形，
也有花卉的植物形态。在材料上以金属为主，常镶有宝石，有时
也有丰富的综合材料的使用，其尺寸大小不一，没有严格的限制。

现代耳饰，除去较为常见的种类外，还有其他的一些形式，
比如以整个耳朵为轮廓进行装饰的饰品，也有以耳部结构为造型
基础，将饰品的部分部件隐于耳部。

③ 项饰

现代的项饰，在饰品的种类中占据重要的位置。由于头饰的
退化，对颈部的装饰就显得尤为重要。现代项
饰的种类一般有项链、吊坠、项圈等。

项链，是最为常见的项饰。现代的项链没
有统一的规律，可以是线条组成，也可以是图
案组成，总之呈风格多样、结构复杂之态。在
材料上以金属、宝石材料为主，涉及所有材料
领域，甚至是空气中的尘埃都可以当作饰品材
料。随着观念的转变，项链逐步成为文化传递、
思想表达的媒介，甚至一些作品成为工艺、材
料应用研究的成果。

吊坠，主要是指在线形结构上挂有装饰坠
的项饰。吊坠的挂线以金属材料为主，一般有
纯金链、K金链、铂金链、银链、铜镀金链等，
除去金属材料还有皮绳、丝线等（图1-25）。对

于坠，其形式更是多样，可以是一类元素的运用，也可能是多种形态的组合。

项圈，当代的项圈沿用了传统的项圈形式，大体造型都是环状。不同的是现代项圈可成V字形、椭圆形、波浪形等不规则形态，式样以素金为主，即使有纹饰也是较为细小的纹饰。由于传统文化复苏，人们在配饰挑选中还寄予"好兆头"的心理需求。现代项圈在形制上还保留着传统项圈的特征，如结婚嫁娶时的金项圈，与传统项圈相符，一般采用纯金打制而成，并錾刻有龙凤、祥云纹饰，寓意幸福美满。总之，当代的项饰种类丰富、形式多样，以满足人们的各种佩戴需求。

④ 臂饰

现代臂饰，在形式上和种类上与古代臂饰变化不大，都有手镯、手串、手链这类形式，只是由于工艺技术的进步和审美文化的差异，在纹饰、式样上有一定的区别。现代的手镯以金属材料为主，主要有金、银、K金等贵重材料，以及各类的宝石材料，此外还有竹子、木头、塑料等综合材料的使用。现代的手镯，在形式上与传统手镯一样有开口、闭口之分，只是风格略有不同。现代手串在形制和连接方式上与古代手串相似，一般采取软连接的方式，只是由于现代技术的进步，在配件、接口处做得更为精致。由于技术的进步以及高新技术的运用，现在的手链比起传统的金属臂串更为精致，其形式和式样也更为丰富。

⑤ 手饰

现代的手饰与传统手饰相差不大，区别主要在于当代的手饰以戒指为主，并且造型灵活、形式多样，再者就是现代工艺带有明显的机械生产特征，戒指制作的标准化明显提高。在文化上，戒指还保留原有的一些功能，比如对财富、身份的象征，爱情的宣誓，此外还有个性审美、情感宣泄等功能。现代的戒指造型丰富，材料以金属材料为主，并伴有木头、塑料、纤维、陶瓷等综合材料的使用。

1.2.3　金银细工首饰特征

中华文明博大精深，其中金银细工是金属工艺中的精华，无论是累丝工艺还是景泰蓝工艺都是人类历史上的宝贵财富。金银细工历史悠久，经过漫长的工艺积淀逐步形成了独特的文化特色和精湛的工艺技术，也形成了独特的艺术风格。以细工工艺制作的首饰，一方面传承着细工工艺的特征，另一方面也承载着首饰的基本功能，在此从细工首饰的工艺精湛、材料昂贵、选题吉祥、造型饱满等几方面来分析细金首饰的特征。

（1）工艺精湛

与其他首饰相比较，细工首饰最为突出的特点是精湛的技术性，其中精、准、美、新是细工首饰的主要特征。"精"主要体现在工艺的精湛和细致方面，也是这类首饰最突出的特征，工艺的优良主要取决于精细程度，也因此古代细金工艺多为御用工艺。如在錾刻工艺中，能将薄如蝉翼的金属片雕琢出栩栩如生、清晰可见的纹饰，如图1-26所示；在传统的累丝、点翠工艺中，能将细如发丝的金属丝线排列得活灵活现。细工工艺工序复杂烦琐，制作极为精致细腻，是其他工艺所不可比拟的，同样以此类工艺制作的首饰无不带有精致的特点。细工首饰中的"准"，展现了精的"度"，只有精准的技艺才能呈现精湛的作品。

图1-26 錾刻工艺

"准"主要体现在形体的准确、纹饰到位、神态传神等方面，这些精准的技艺不是靠现代数字技术分析，而是靠艺人的经验和对技术掌握的尺度。在精准的工艺技艺中，既展现出艺人的匠心，也展现了艺人对材料、工艺本质的理解，体现了工艺美术中"材美、工巧"的思想境界，从而也体现出"美"的韵律。在精细工艺下所呈现出的饰品，具有精美细致、动静相宜、形态完整、饱满有序的特征。细工首饰的工艺精湛性主要源于对技艺的继承，对工艺技术和工艺工具的传承。并且工艺的制作有严格的程序和规范，只有掌握工艺精神才能呈现出精美的作品。如在錾刻工艺中，有画稿、选材、退火、拷贝、敲击打形、上胶、细部刻画、脱胶、表面处理等工序，其中的每一工序都有各自的规范和工艺要点，每一步骤的完善才能呈现出作品的精致感。另外，工艺步骤固然重要，但每一工艺的施展离不开工具运用，俗话说"工欲善其事，必先利其器"，可见工具是工艺实现的必备条件。工具的种类和式样直接关系到工艺成型特点和风格特征，因此对细工工艺的继承实则也是对工具的继承。如錾刻工艺中所运用到的工具非常丰富，起型初期用到的锤头一般有重磅锤、大力锤、平拱锤、胶木锤、小方锤等；在纹饰细部錾刻时，根据纹饰的式样和特点需用到各式各样的花錾，一般有杀錾、斜錾、豆錾、批抢錾、单线錾、双线錾、棕丝錾、簇毛錾、鳞錾、沙田錾、圆点錾等。因此正是由于精细的工艺才有了细工首饰。

（2）材料昂贵

材料昂贵也是金银细工首饰的一个显著特征，多是由细工技艺的特性和材料自身的性能所决定的。细工技艺一般是较为精致、复杂的技术，从工艺价值上看需要运用贵重的材料来完成制作，以凸显其工艺本身的价值；另外，金银本身含有丰富的人文思想，优美的工艺与美好的寓意相搭配才合适，才能相互映衬，相互增值。试想一件工艺精美的饰品首饰，如果不是采用贵金属完成，而是采用普通的铜材料制作而成，那么首饰的保值性和纪念性都会降低，其整体价值也会降低。因此，精美绝伦的细工技艺常与价值较高的黄金、白银等贵重材料以及宝石材料进行结合，展现首饰的风采。就材料本身而言，贵金属材料具备金银细工技艺的适用性。从金属工艺的产生及发展的历程可知，这类工艺是针对金属材料性能而产生的工艺，并随着对材料属性的掌握而不断扩展，由此可见材料与工艺是相辅相成、相互促进、共同成长的过程。有时细工首饰是多种工艺、材料的集合体，完成一件饰品可能需要多种工艺制作而成，其中花丝镶嵌、錾刻、点翠等工艺较为常见。在花丝镶嵌工艺中，所用丝线细如发丝，盘绕成型，纹饰丰富而厚重，与晶莹剔透的宝石材料搭配，显示出饰品的典雅与高贵。金属细丝所展现的艺术魅力无可比拟，而金属材料中能将自身材料拉成细丝状的也多为贵金属材料。由此可见，金属材料的自身属性，是金银细工技艺的最好选择。在当代细工首饰材料中，贵金属材料一般有金、银、铂等材料，这类材料一般具有较好的延展性，因而适合于花丝、錾刻、镶嵌等工艺制作。同时，这类材料还具有美丽的色泽，黄金的金色、白银的银白色，都是天然质朴之色，即使与宝石材料搭配，也多为名贵宝石的运用，其价值、色彩及意义都赋予细工首饰美好的寓意。此外，名贵材料应用于细工首饰的另一个原因还是其自身的人文价值。在中国，金、银、宝石等材料有着神奇的传说，被历史赋予了多重意义。古代，"金"常被当作金属的统称，一般含有黄金、白银、青铜等稀缺金属。据《汉书·食货志》载："金有三等，黄金为上，白金为中，赤金为下。"此文中的金主要是指黄金、白银等贵金属。这类金属由于受到吉祥文化的影响，具有驱鬼辟邪的功效，因而常用于首饰之中，以寻求心理安慰。细工首饰中常用的宝石材料，也在中式审美的影响下具有丰富的思想寓意。古人称"石之美者"为玉，并将"玉"赋予温润、晶莹、坚韧等特性，因而古人比较喜欢玉饰，如金元时期的海棠花佩和菊花饰件，雕琢精美，工艺考究（图1-27）。"玉"在古代被赋予了多重意义，古人常"以玉比德""以玉示身""以玉表礼"，并认为"玉石"是鬼神之食，有趋吉避邪之用，如《红楼梦》中宝玉之玉就被认为是"命根子"以保平安。即使在当代，宝石材料除去原有寓意外，还被赋予了更多的意义，如翡翠象征着高洁，橄榄石表征着高贵，松石代表好运等等。由于多重原因，材料的贵重性是细工首饰的一个显著特征。

图1-27　玉饰件（金元）　田伟玲摄

（3）选题吉祥

吉祥的选题是细工首饰的又一个显著特征，促使这一情况的原因较多。首先从饰品的起源可以看出，饰品带有较强的功能性，而这种功能多为心愿的寄托以及表征等，对于首饰其使用性不高，也因此首饰被赋予了精神寄托的作用。基于这一功能，人们将对未来的期望以及对现实的渴望等心理都寄托于饰品之中，以求实现。因此，首饰中与世俗文化有关的题材应运而生，如祈求子孙繁衍的石榴纹首饰以及求富贵平安的葫芦纹、蝙蝠纹首饰较为常见。另外，首饰的吉祥意义还与工艺、材料的传承有较大的关系。相较于当代首饰在选题上的自由而言，细工首饰具有相对的局限性，由于技艺的传承和材料的相对固定性，首饰的题材也较为传统。细工技艺历史悠久，在发展的过程中深受中式审美影响，在继承技艺的基础上也传承了首饰的纹饰和题材，吉祥文化深入人心，也成为细工首饰不可或缺的一部分。因而，细工首饰继承了吉祥文化下所赋予的人们对配饰的需求和期许，即使现在，龙、凤题材的首饰也依然受到欢迎，同时十二生肖、荷花、葡萄、牡丹等题材的饰品也不在少数。虽然细工首饰经历了上千年的传承，但依然以贵金属材料和宝石材料为主，金、银、宝石材料自身带有吉祥文化，因此首饰中所带有的吉祥文化也具有相对的稳定性。金银及宝石材料都是比较昂贵的材料，再加上精致的细工技艺，促成这类首饰常作为财富的象征及纪念物。在中国婚嫁习俗中，首饰是彩礼中的重要组成部分，一是用于财富的象征，表示对婚姻的重视程度；二是用于定情信物，以表真诚。在婚嫁首饰中，无论出于哪种功能，在首饰的题材上都带有浓浓的祝福意味，如象征着婚姻吉祥的龙凤金钗、鸳鸯及蝴蝶纹饰品常用于婚姻首饰之中。由于上述原因，细工首饰在选题上多以寓意美好的题材为主。

（4）纹饰优美、形态饱满

细工技艺受中国传统造物观的影响，在纹饰、造型上较为讲究。传统造物观念中，常认为自然与人是一体的，都是宇宙万物的一部分，一切造物活动都应遵循宇宙运动的普遍规律。这种朴素的宇宙观，涵盖了中国古代生活的各个方面，也演绎了中国造物观。在天人合一思想的影响和演绎下，中国工艺思想逐步形成了"合以为良"的审美观，强调造物的尽善尽美、形神兼备。这一工艺审美观，直接影响着艺术实践活动，在造物中强调形式与内涵、审美与使用的统一等，因而细工首饰中也要求各要素的和谐统一。在中和的审美观下，饰品注重要素灵动性、和谐性和思想性，在造型中多遵循均衡、节奏、对称等形式法则，纹饰多以自然纹饰为主，并常见多种纹饰的组合运用，以达到形神兼备。在长期的艺术实践中，设计不仅继承了原有的造型方法，还融合了变化与统一、对称与均衡、对比与调和、动与静等现代造型法则，因此细工首饰在造型观念和材料运用上强调"和谐""整体"之美，并力求形体的整齐、对称、均衡与圆满之感。由于造型规则，细工首饰在纹饰选取和提炼上，一般采用形态优美、气质典雅的装饰图案。如清代"累丝嵌宝石菊花纹金簪"，簪头的形态为扇面状，中间镶有椭圆形红宝石，每一片花瓣的造型都呈圆弧状，饱满、对称，分上下两层。整件饰品造型和谐别致、结构清晰、线条流畅，给人以圆润、温婉之气，并在和谐的审美观下展现出灵动、饱满、优雅和内敛之美，加之精细绝伦的细工工艺，更凸

图1-28　鹤纹首饰

显出饰品的典雅之质。细工首饰由于工艺题材、工艺文化和技艺的因素，饰品的整体形态具有形与内、感与理、技与思、用与美的统一，从而传达出和谐之美、整体之美的美学观念，也营造出"图必有意，意必吉祥"的艺术气质（图1-28）。

（5）与时俱进

金银细工首饰发展到现在，除去上述特征外还有一个较为突出的特征就是"与时俱进"。与时代同步、与需求同步是每一物种生存的前提，细工首饰经历了漫长的岁月，在传承的过程中不断地调整发展思路，以求更好的进化前景。在技术上不断地丰富工艺手段，由最初的锻打发展到錾刻、累丝、镶嵌等多种工艺方式。手艺人在学习传统技艺的基础上了解现代技术，并将传统工艺形式与当代技术有机融合，实现了工艺的创新应用方式。细工首饰在种类式样方面，也随着生活方式的变化做出调整，由原来的簪、钗、冠、胜、钿、手镯、项圈等传统饰品，逐渐发展为耳钉、项链、吊坠、胸针、别针、发卡等当代饰品类型。随着思潮观念的变化，传统的造物思想与当代设计精神进行融合，细工首饰在材料上开始出现了除金、银、宝石材料以外的其他材料，打破了以贵金属材料为主的单一状态，在造型上也融入了现代设计语言，从而使细工首饰更具现代感、时尚感。

2 金银细工首饰构成要素

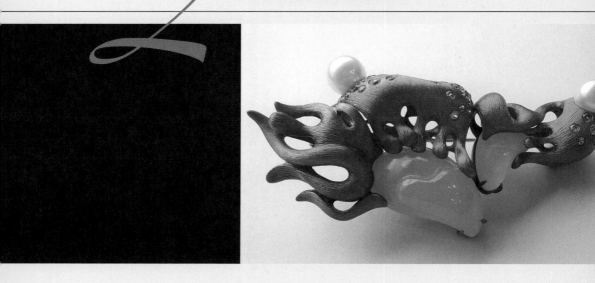

金银细工源远流长，以精湛的技艺、巧妙的构造、精美的饰物而著称。细金首饰不仅展现技艺的美，还含有深厚的文化思想、形式美的法则以及对材料的见解。当下工业、技术、信息以惊人的速度向前发展，各行各业的设计开始出现不同层次的跨界与交融，民族间、国家间的设计界限越来越模糊。在此背景下，各国的设计多以本土文化为根基，积极寻求设计创新，因而出现了全球化、当代化以及传统文化相互交融的设计现象。金银细工工艺作为传统工艺的一部分，也在积极地向当代转化，以寻求自身的可持续发展。细工首饰亦是如此，在继承传统的基础上积极与当代设计理念结合，融入了当代设计精神，在理念、材料、工艺的相互作用下，传达着新时代的"技""道"关系。

2.1
金银细工首饰的技艺要素

金银细工技艺是细工首饰的首要构成要素，没有技艺何谈"细工"首饰，细工首饰与其他类型首饰的区别在于其精湛的工艺。细金工艺是金银工艺中较为精细的工艺种类，与其他铁、锡等金属工艺不同，是金银材料所独有的工艺，因此具有工艺的独特性。工艺方式直接关系到首饰的呈现方式和视觉效果，是首饰实现的媒介，因而想对细工首饰进行全面的了解，首先应了解细工制作技艺以及工艺成型特点。细工技艺是传统的工艺种类，有着现代工艺所不具备的一般程序和特色，拥有独特成型方式，也具有工艺的专属性，想对工艺有更深的了解应全面地掌握传统技艺的各个要素。传统工艺进入现代，又与当下文明融合，一起演绎着当代细工首饰的魅力，因而在对传统技艺要素研究的同时，不能忽视传统工艺的当代应用方式。

2.1.1 技艺的种类

细工技艺是工艺主体"人"通过"技"来实现对"物"的呈现，因而技可谓"巧"也，可称为技术、技能及技艺。艺人在长期的实践中积累起经验和技能，是人类认识材料和改造材料的过程，是人与自然的互动。在互动中往往采用不同的方式进行，从而形成了多种工艺技能。经过历史积淀，金银细工传承至今，工艺种类非常丰富，一般有累丝、錾刻、镶嵌、烧蓝、点翠、金珠粒等。这类工艺制作比较细致，总体上呈现优雅、精美的艺术特征，也是我国金属工艺的典范。但由于工艺方法的不同，此类工艺在造型方式和风格特点上略有差异，如累丝制作以线形材料为主，主要呈现线与面的造型特点；烧蓝工艺是以釉料色彩为主，多以金属面为依托进行烧制，以绚丽的色彩和唯美的图案造型为主；铸造工艺运用的是脱模浇铸的原理来完成工艺制作，具有模型复制及体块成型的特征。细工工艺种类比较丰富，主要对以下几门工艺进行详细介绍。

2.1.1.1　錾刻技艺

錾刻技艺，是金银细工中常见的工艺种类，常被称为"润色"工艺，主要用于饰品外形确定后的细部刻画。錾刻工艺历史悠久，是出现较早的金属工艺种类，其工艺形式具有精致优美的特点，如作品《八宝吉祥宝瓶》就是运用錾刻技艺制作而成，作品整体形态优美，技艺精湛，将细部刻画得栩栩如生（图2-1）。早在商代，先民就认识到金属材料具有较好的延展性，并根据这一属性掌握了锤鍱、包金技术。在此工艺基础上，錾刻工艺到春秋战国时期得到发展，主要是在前期锻打工艺的基础上，运用各种錾子在金属表面錾出各种纹饰。经过技术的成熟与沉淀，錾刻工艺发展后期已是非常精致，如今，上海金银细工就是以精致的錾刻技艺和锻打技艺而闻名国内外。在当代，錾刻工艺主要分为阴花錾刻和阳花錾刻两种形式。阴花錾刻也称为"清花"，主要指在金属板上用錾子往下施加压力，刻出纹饰的方法，其纹饰的高度一般要低于金属板面的水平高度（图2-2）。在阴花錾刻中一般使用一字錾、线錾等工具，在雕琢的过程中应掌握好锤头敲击

图2-1　作品《八宝吉祥宝瓶》　沈国兴作

图2-2　清花练习作品

錾子的节奏、角度以及錾子移动的频率，三者之间的默契程度关系着纹饰流畅与优美程度。阳花錾刻指用錾子在金属板面上錾出凸起的纹饰，与阴刻不同，阳刻的纹饰一般要高于金属板面的水平高度。阳刻纹饰根据设计需要一般对材料有厚、薄之分，两种材料的制作步骤基本相同，不同之处在于厚料在阳花錾刻中可雕琢的空间大，纹饰层次的呈现更为丰富，而薄料由于材料的限制，纹饰多为单层，简洁明了，相对单薄，利于动态纹饰的刻画。现代的錾刻首饰风格也是多样，有时在技术上融入了其他工艺手段，如铸造、镶嵌、珐琅等，展现出饰品的精美和古朴感；另外錾刻首饰也与现代审美相结合，展现出现代首饰中时尚的一面。

2.1.1.2 累丝工艺

累丝工艺，也常称为花丝工艺。累丝工艺是我国优秀的传统工艺之一，主要以金、银为材料，并将金银材料拉成细丝，再经过拔丝、搓丝、掐丝、填丝、焊接、堆垒等工艺程序制作而成。花丝工艺历史悠久，早在商代就出现了这类工艺萌芽，春秋战国时期的"金银错"是花丝的早期雏形，唐宋时期花丝工艺已经比较成熟，已经开始应用于妇女的发饰上。花丝技艺多是运用较细的金属丝线为材料，丝线的直径一般在0.1～0.2毫米之间，较细者的直径在0.08～0.13毫米之间，因而花丝首饰一般比较精致。在制作中，花丝工艺还常与宝石镶嵌工艺结合使用，常称为"花丝镶嵌"。这一工艺难度系数较高，也在我国工艺发展史上占据重要的位置，在当代被誉为"燕京八绝之首"，2008年这一技艺列入国家级非物质文化遗产名录。在当代首饰设计中，花丝首饰占据了一定的市场份额，在市面上常被誉为"古法"首饰，是精细工艺的代表，也是精致首饰的典范。当代的花丝首饰在形式、式样上都有新的发展，受现代审美的影响，注重饰品的整体感和简约风格。现在，花丝首饰依然比较精致，丝线的优美仍是这一工艺的经典（图2-3）。另外，在技术应用方面，这一古老的技艺在当代产业发展中也融入现代技术，从而丰富了花丝首饰的类型。

图2-3　现代花丝首饰作品　吕纪凯作

2.1.1.3 镶嵌工艺

镶嵌工艺,主要是金属材料与宝石材料相结合的工艺类型。这一工艺在实际操作中,经常与多种工艺结合运用。以镶嵌工艺为依托制作的首饰,比较受欢迎,主要因为镶嵌类首饰是基于贵金属材料与宝石材料的应用,材料本身拥有美丽的色泽和绚丽的色彩,拥有饰品应具有的精美、华贵质感;其次镶嵌技术从古至今不断完善,拥有多种镶嵌方式,如爪镶、包镶、起钉镶、轨道镶、闷镶、不见金镶等,能够满足现代设计的各种款式需求;最后基于金银、玉石文化对民族心理的影响,认为这类材料制作的饰品具有祈福辟邪的作用,能给佩戴者带来能量。在金银细工中,镶嵌工艺在对宝石的处理方式上一般有单颗镶、组合镶和群镶三种形式。单颗镶指单独一粒宝石的镶嵌,这种镶嵌方式常适合于体积大的颗粒宝石(图2-4);组合镶多适用于体积不大的宝石,将同种类型的多粒宝石或多种类型的宝石组合起来(图2-5);群镶一般适用于体积较小的宝石镶嵌(图2-6)。宝石的镶嵌方式比较丰富,在此对宝石的镶嵌方式进行详细说明。

  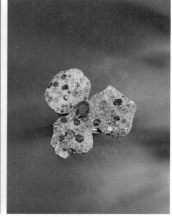

图2-4 单颗镶饰品 真库珠宝　图2-5 组合镶饰品 真库珠宝　图2-6 群镶首饰 真库珠宝

爪镶,较为常用的镶嵌方式,适合于大颗粒且透明性好的宝石。爪镶的基座由金属托和爪焊接而成,既能把宝石牢牢地固定在金属座上,又能将宝石的火彩透过底部的光线反射出来。这种镶嵌方式对金属材料有一定的要求,由于爪部的金属较少,还要对宝石起到较好的固定作用,因而要求金属材料的硬度较高,不然容易造成宝石的脱落。爪镶的镶爪多根据宝石的形状及设计的式样而定，可分为二齿、三齿、四齿、六齿等形式，在爪式样上一般有三角形、椭圆形、方形、尖形、双圆形等（图2-7）。

包镶，指用带有一定宽度的金属条将宝石包裹在里面的镶嵌方式，也是常见的镶嵌方法。包镶工艺适合颗粒大且半透明或不透明的宝石，有时也适合于凸面宝石和不规则宝石的镶嵌。在镶嵌中先运用基础金属工艺制作与宝石大小相符的金属碗，通常称为"石碗"，并将石碗处理干净，再将宝石放入石碗内以十字交叉的方式进行压边镶嵌（图2-8）。

图2-7　爪镶　霍朝政作　　　图2-8　包镶饰品　吕纪凯作

钉镶，也称为起钉镶，是适合小颗粒宝石镶嵌的一种方式。起钉镶，主要利用金属的延展性，在金属板上先钻出与宝石大小相符的小洞，再在洞的周围用起钉工具起出小钉将宝石固定。根据宝石和设计需要，起钉数量和形状略有不同。

轨道镶，有时也称槽镶，常适用于外形相同的宝石。主要运用金属材料制作一个与宝石大小相符的规则槽体，将宝石逐个放入槽内并卡住宝石的腰部起到固定作用，从而形成轨道式的镶嵌。

在技术高度发展的现代，细工工艺中宝石镶嵌方式较多，除去上述的种类还有闷镶、飞边镶、澳洲镶等。在当代细工首饰的制作中，艺人往往将传统的镶嵌技艺与当代技术融合，并运用金属铸造技术和数字技术将宝石镶嵌变得快捷又精致，从而使镶嵌类首饰在市场上占据较大的份额，类型和款式也比较丰富，是日常首饰的优选。

2.1.1.4　点翠工艺

点翠工艺，是细工首饰中比较精细的工艺种类。点翠工艺是在花丝镶嵌工艺的基础上发展而来的，在明清时得到繁荣。其工艺形式主要以基础的金属工艺将丝线焊接于金属片上，再经过锯、锉、抛光等系列步骤制作好完整的金属胎体，再粘贴上羽毛。由于工艺精细、造型优美，再加上工序复杂，点翠类的饰品显得纤细精美。在现代生活中，也有很多消费者喜欢这类饰品，但是出于自然保护和与动物和谐共处的思想观念，点翠用的羽毛常以动物羽毛外的其他羽毛代替，但饰品的精致感还在。

2.1.1.5　铸造工艺

铸造工艺，是当代饰品中运用最为频繁的工艺类型，也是细工工艺中与其他工艺结合运用最为密切的工艺。由于铸造工艺特点以及与当代技术的融合，此种工艺是现代首饰造型的重要手段，也是能够实现快速生产、节约成本的工艺方式（图2-9）。铸造技术是传统工艺形式，是先民长期的生产实践的经验总结，是在石器和陶器技术成熟的基础上发展而来的。我国铸造技术历史悠久，主要经历了技术初期、青铜时代、铁器时代，以及多材料应用时期。技术初期，约出现在新石器时代晚期，当时制陶技术达到了较高的技术水平，由于陶瓷材料的限制，对于陶器在日常生活中会出现易碎、抗压性低

图2-9　铸造金属件

等现象，人们开始寻找新的材料和工艺，以便更好地服务日常生活需求。在制陶技术发展到一定阶段后，人们在劳动中偶然发现了"铜"这类新型材料以及相应的工艺，也因此中国历史上开始出现了辉煌的"青铜时代"，也使铸造技术逐渐走向成熟。铸造技术是在制陶技术的影响和启发下发展而来的，主要表现在，其一，在铸造技术中，泥范方式的运用是受到当时制陶技术选料的影响；其二，在当时制陶技术中，有时采用了以硬质植物为内模，内外涂抹泥土烧制的工艺，这一技术启发了青铜铸造初期，采用内范和外范的工艺形式；其三，中国青铜器的器型和纹饰受到陶器的影响，即便是铸造的窑炉也得益于制陶窑炉的启示。约在夏朝时，铸造技术开创了长达两千多年的"青铜时代"，奠定

了我国文明史的基础，也提高了人们的物质生活水平。此时的青铜器主要用于铸造礼器、兵器以及贵族的生活用具。同时铸造技术的使用，也大大地改善了农具的类型，提高了农业技术。进入商周时期，铸造技术已经相对成熟，并具有一定的规模，也是铸造技术发展的重要阶段，此时已改石范为陶范，并在陶范中出现了多种材料的使用。青铜合金成分上先是铜、锡二元合金，后来又出现了铜、锡、铅三元合金，此时的青铜器具在种类和纹饰上更为丰富，出现了实用性和象征性的分类，如农具、兵器、乐器、货币、鼎等，纹饰上有饕餮、龙、凤、夔纹等。青铜铸造进入春秋战国时期，开始由鼎盛到逐渐衰落。在这一阶段，出现了一批著名的铸造师，如干将、莫邪等，此时的青铜铸件较为精美，无论在形制上还是纹饰上都较为考究，如曾侯乙墓编钟、越王勾践剑。但是，由于铁的发现，使得青铜器成为非主导产品，铸造技术开始进入"铁器时代"。进入封建社会晚期，铸造技术出现多材料应用情况。不仅钢铁生产技术较为发达，有色金属冶炼技术也有较高的提升。铸造技术的应用范围也不断扩大，为农业提供了生产工具，为手工业和工程建筑提供了材料，同时为社会提供了大量的金银制品。

中国古代的铸造方法比较多，都是先民劳动实践的结果，主要有石范法、泥范（陶范）法、失蜡法。石范法是人类在长期制作石器的基础上，在相对软质的石材上挖出简单的型腔，如刀、锥等，在腔的上方设有注口，并与另一块平板相对，形成闭合型空腔，将熔炼好的金属液，从注口中倒入空腔内，待冷却即可。泥范法也称陶范，都是以泥为主要材料，经过自然干燥脱水制成范，主要程序为制泥模、制外范、制内范、浇铸、修整。失蜡法相对于前面的铸造方法来讲，其铸造的物件更为精细，由于以蜡为材料塑造模型，制作更为便利，也是延续至今的一种浇铸方法（图2-10）。古时的失蜡法的一般程序主要为：制蜡模、制内范、制外范、脱模、浇铸。失蜡法浇铸一直延续至今，与当代的技术、材料融合使用，工艺精致程度大幅度提高，成为当代首饰制作的重要工艺之一。在现代首饰制作中，铸造技术常与宝石镶嵌、花丝工艺、点翠工艺等精细工艺结合使用，因而铸造类首饰也呈现出多风格、多式样的特点。

图2-10　蜡模

金银细工工艺种类较多，除去上述的几种工艺外还有景泰蓝、炸珠等工艺形式，不再过多介绍。在当代设计背景下，细工首饰所涉及的工艺领域可谓是工艺的集合体，不仅有金属工艺中的多种工艺结合运用，也有其他工艺种类的加入，如大漆技艺、陶瓷工艺、纤维工艺，都融入了细工首饰制作的范畴。另外数字技术的进步，为细工制作带来了便利，尤其是对工艺难度较大的饰品，使首饰呈现多空间、多维度的表现方式。虽然将细工首饰与现代技术进行结合，但传统的技艺方法和技艺程序依然是工艺的主题，依然具备"细工"首饰最本质的特征。

2.1.2 技术的程式化及独特性

金银细工工艺精细、优美，其中最为重要的原因在于其工艺程式的复杂性和形式法则的独特性，工艺的"程式化"是传统工艺一个鲜明的实践特征。如何理解工艺的"程式化"？"程式"在《新华字典》中，"程"常作"规矩"；"式"多指物体外形的样子，有式样之意，也指特定的规格，有格式之意。"程式"常作法式，有规格和准则之意，有时也作特定的格式。在《说文解字》中，许慎对"式"的解释为"法"，主要是指规矩和法式之意。墨子认为"天下从事者，不可以无法仪"，即使是从事百工的艺人"亦皆有法"。可见在工艺范畴中，古人常把"法"理解为制作之理。在本书中，"程式"具有多重含义，在工艺程序上，一般指从设计期初的思考雏形到设计图样，再到操作的基本流程等；另一个方面，在制作过程中所包含的各种工艺阶段的工艺方式和方法都称为"程式"。在中国传统工艺实践中，"程式"是动态发展的，在此过程中有一定的规律、法式要遵循，但也不是固定的、不可改变的。程序是指在工艺实践中所形成的基本工艺流程，这是每一种工艺都需遵守的工艺次序，如制作一枚简单的素圈戒指，需要遵循画稿、打样、下料、弯曲、整形、焊接、表面处理等基本的工艺程序，这一流程是戒指的基本制作顺序，也是戒指饰品呈现的技术支撑，具有稳固性。在工艺"程式"中，艺人能将技艺中所含有的丰富、复杂、烦琐、非描述性的知识信息，通过工艺实践、产品呈现的方式表现出来。在简单的戒指制作时，也许会遵照饰品与肌体的关系进行，但其中隐含更多的是情感、思想的注入，在视觉呈现的过程中可能包含着福、禄、喜、庆等情感标准，以此使"人、技、器"的关系得到恰当的诠释。此外，技艺"程式"还是一个整体性的概念，将技艺以"程式化"的概念呈现，意味着技艺知识被作为一个整体进行学习，整体中包含多个单元，注重单元与整体的关系，对于有效学习传统工艺意义非凡。以整体的概念理解工艺程序，可使工艺步骤、流程更为清晰，有利于工艺初学者掌握工艺环节和工艺步骤。另外，以整体的形式将工艺程序具体化，可将单元知识分类处理，有利于每一单元工艺知识的细化和分工，从而有利于整体性设计思维的构建及生产机制的人员分工和产品的细化处理。工艺的"程式化"不仅体现在技艺的制作步骤上，还体现在制作范式上。由于金银细工是中国传统的工艺形式，不仅继承了技艺方法，还继承了工艺形式、饰品的式样及纹饰运用方式，也因此中华优秀的文化才得以传播与继承。由此可见，"程式"化的技艺中蕴含着丰富的技术知识以及深厚的文化内涵。

在金银细工实践中，也遵循金属工艺中所特有的工艺程序，但这些程序是建立在对金属基础工艺掌握的前提下的。纵观各类细工技艺，对其学习之前应具备对金属材料的基本处理能力，从而锯、锉、焊、锻打、拉等工艺成为细工技艺的基础工艺，也是在每一工艺程序中运用最多的技术手段。锯工，是金属工艺中最为基础的工艺，是运用锯将金属板、面、线等材料分开的一种工艺方式，在金属实践中运用比较普遍，是各类金银细工制作的必要工艺。锉工，相对其他工艺技术易于掌握，是金属工艺中比较重要的部分。锯工是将金属分开，锉工主要负责对金属形体的修正及金属表面的初步清洁，运用次数比较频繁，工艺运用熟练程度关系到饰品的整体效果（图2-11）。焊工，也是基础的金属工艺之一，是将两片或多片不相连的金属连接在一起的工艺（图2-12）。焊接工艺是金属造型的重要手段，在金银细工

图2-11　锉工

图2-12　焊接工艺

中运用比较普遍，是每一种细金工艺都需用到的技术，也是制作金属饰品的必要方式，由于焊接的材料、形式、密度不同，焊接技术的难度也略有不同。在基础的金属工艺中，除去锯、锉、焊还有锻打、拉、拔等工艺，主要用于对金属材料的面、线进行处理，满足细工中对材料类型的需求。这类工艺虽然是简单的基础工艺，但对细工技艺非常重要，是细工工艺程序进行的前提。

细工工艺的"程式化"，造就了细工技艺的精湛和技艺的种类。就工艺本身而言，工艺的"程式"有利于工艺的分步进行，工艺分类越多说明技艺制作越复杂，工艺步骤的复杂程度造就了细工工艺的精细度及精湛度。如在金属丝线的运用中，可将丝线分为外框用丝、内框用丝以及填丝等，细线的型号、粗细根据用途不同，因而也就增加了作品的层次感和精致感。如作品《江南相思引》就运用花丝工艺制作而成，整件作品制作精细，造型优美，错落有序地将江南的美好展现出来（图2-13）。在搓丝环节中，艺人一般将丝线退三次火，每退一次火可将丝线搓三次，如果在工艺程序上省略一次，那么搓出来的丝

图2-13　作品《江南相思引》　李桑作

线与正常工序下的丝线在纹饰和精度上会有一定的差别，也影响到饰品的最终效果。由此可见，精致的细工技艺在一定的程度上是对传统工艺工序的掌握，也是对每一工序的规范性的尊重。另外，细工工艺的"程式化"促使了工艺的分工，从而促进工艺种类的发展。在基本的工艺条件下，在工艺方向或工序上做出微调，可以形成不同种类的工艺形式。如花丝镶嵌工艺和点翠工艺，其运用的工艺手段基本相似，前期都是经过拉丝、掐丝、焊接等基础工艺，但最后几道工序中出现了分支，从而造就了不同的工艺风格。

细工工艺的"程式化"造就了独特的金属艺术。由于细工技艺间工序的不同，形成了千差万别的工艺形式，也形成了独特的艺术风格。如錾刻工艺，主要是金属表面纹饰处理工艺，可将金属雕琢成栩栩如生的动物形态，也可塑造出巍峨的高山。这类工艺不仅具有较好的表面处理效果，还有极强的塑形能力。相较于

鏨刻工艺，累丝工艺明显带有自己的风格。累丝工艺主要以线形材料为主，其造型方法、方式也是在线材的基础上进行排列组合，因而有精细、纤美之风。由此可见工艺的"程式化"造就了工艺的独特性。另一方面，工艺的"程式化"还展现在工艺的习得性上。由于细工工艺的"程式化"，可将工艺分步、分类进行，能清晰条理地呈现工艺知识，易于学习。正因为细工技艺的"程式化"，在传承模式上一般采取师徒制，以言传身教的方式为主。师傅将经过长期实践的经验传授给下一代，在技艺继承的过程中，不仅继承了老一辈的技艺方式和方法，还继承了老一辈的工艺思想、造型方式、饰品种类和式样，也因此保持了工艺的纯正性。如上海金银细工，在工艺传承中以师徒制为主，由于传授的过程中技艺形式和手艺思想很少受到外界的干扰，因而细工技艺经过几代人的传承依然保持原有的艺术风格。在题材上常以菩萨、龙、凤、鹤、牡丹、瓜果等为主，在工艺品的类型上也传承了前辈生产的细工种类，如奖杯、摆件、建筑模型、器皿、物象等（图2-14）。正因为稳固的工艺程序，才使得上海金银细工经历了多代人的传承，至今还保留着原有的精湛技艺（图2-15）。

图 2-14　作品《龙凤呈祥》　沈国兴作

图 2-15　老凤祥金银细工作品

2.1.3　工具的精致与继承

"工欲善其事，必先利其器"，工具是技艺得以实现的物质载体，是细工技艺要素的重要组成部分。工具式样的种类直接关系到工艺的成形方法，是技艺实现的重要手段，因而对工艺的继承在很大程度上是对工具的式样和工具使用方法的继承。细工技艺门类丰富，每种工艺都有各自的工具，并直接关系到金银细工技艺的风格特征。在工艺实践中，从饰品制作初期到最后的完成，都离不开特定工具的应用。在对技艺的学习中，对工艺的传承是循序渐进的，一般是从制作工具开始，再到具体的工艺练习。细工技艺继承效果，在很大程度上与工具式样、种类、精细程度及应用方法有关，因而对工具的继承尤为重要。工具的传承主要包含两个方面，一是工具式样和类型的继承，二是对工具制作方法的传承。

2.1.3.1 工具式样、类型与传承

细工工艺中所使用的工具，一般是以师徒传承的方式继承下来的，也有个别工具是根据工艺的特殊需要而临时制作的，工具的式样具有一定的稳定性和扩展性。细工工艺中所使用的工具种类比较多，按照其功能进行归纳可分为捶打类、锉磨类、錾刻类、掐丝类、焊接类、抛光类、量具等，在此将对常用的工具进行概述。

（1）捶打类

捶打类工具，是金银细工技艺的成形工具。金银细工中的钣金、抬压等工艺都离不开捶打类工具的应用，锤子也就成为这类工艺的主要工具。行业内，锤子也称"榔头"，根据细工工艺程序步骤和制作物件的式样，对锤头在形状、材料、大小上的需求各有不同。锤子的材料一般选用优质碳素钢和弹簧钢，其式样多是艺人根据前辈流传下来的模式，经过高温锻打、锉磨、钻孔、淬火等工序亲手打制而成。此外出于对金属的保护，还有以硬质木材和橡胶材料制作的榔头。细工技艺中所使用的锤子，在种类上一般有马掌锤、小方锤、倒棱锤、斩口锤、圆形木锤、平拱锤、胶木锤、重磅锤、大力锤等。马掌锤，主要用于金属表面的处理，是使表面平滑的工具。小方锤，锤头个小，比较轻便，是首饰中最常用的锤头类型，可用于修整金属表面使之平整或使金属弯曲成形。倒棱锤、斩口锤，主要用于喇叭状或锥状形态的成形。圆形木锤、胶锤，一般有两头。通常情况下圆木锤一头呈直径相对大的半圆球状，另一头则呈直径相对小的半球状；胶锤多为一头为平底，另一头为扁平

状的锤头。这类锤子由于质地相对柔软，多用于形体初期的成形，以避免金属表面出现较深的锤痕。平拱锤，在上海金银细工工具中也称为"荷叶榔头"，由两个大小、形状基本相同的扁平状锤面组成，锤身略有弧度，主要用于弧面、球体等形状的塑造（图2-16）。大力锤、重磅锤由于体积大、重量足，多用于大型物件的塑形，以及对厚重材料的处理。

图2-16　平拱锤

（2）锉磨类

锉磨类工具，是细工工艺中普遍运用的工具类型，主要起到对金属表面的修正以及对基本形体的细微调整的作用。锉是主要的工具（图2-17），其类型丰富，主要分为普通锉、整形锉两类。普通锉主要用于形体大形的修正，按照锉的横截面形状可分为平锉、三角锉、圆锉、方锉等，它们因形状的不同，在功能上各有不同，如平锉多是对平面物件的修理，三角

图2-17　锉

锉多是用来修整夹角小于90度的内角等。整形锉主要用于修整金属、饰品、物件表面缺陷，如划痕、毛边、凹坑等，这类锉个头小、齿牙密，在形状上与普通锉相似，有平锉、三角锉、半圆锉、方锉、圆锉、柳叶锉等。

（3）錾刻类

錾刻类工具中，錾子是主要的工具，主要是经过锤头的敲击在金属表面起到纹饰雕刻的作用，也是对金属材料造型处理的工具之一。根据錾刻纹饰的效果将錾子分为塑形錾和花錾。塑形錾主要是用于金属材料成形的錾子，一般有批抢錾、杀錾、三角錾、豆錾等。批抢錾比较锋利，常以坚硬的白钢为材料制作而成，主要运用錾子刀刃在金属表面戗出纹饰（图2-18）。杀錾，是一种平面錾，在横截面上有宽、中、窄之分，主要用于修饰纹饰的外轮廓，使金属平整。豆錾，指顶部为半球形的錾子，根据球的大小和形状分为半圆、小圆、椭圆三种类型，主要对金属凸面和凹面进行塑造。另外，还有三角錾、踏錾都是对金属材料塑形的錾子。花錾，是将金属表面雕琢出纹饰的錾子。花錾的类型较多，根据不同的纹饰，有雕琢羽毛、发髻纹饰的双线錾，用于制作沙点纹

饰肌理的沙田錾以及雕刻龙、鱼等动物鳞片的鳞錾，此外还有单线錾、簇毛錾（图2-19）、圆点錾、印记錾、棕丝錾等。

图2-18　批抢錾

图2-19　簇毛錾

　　除此之外，细工类工具还有很多，分工细致，有些工具是艺人代代相传的，将制作方法和式样传承下来，艺人亲手制作并未广泛流传；有些工具是细金技艺制作的基础，具有普遍性和开放性，因而使用广泛，可以在工具商店中获得。细工中一些工具普遍使用，是金属工艺实现的基础工具，其用途分类明晰，在工艺中不可或缺。抛光类工具，含有大型的抛光设备，还有小型的吊机，以及各种类型、型号的抛光头、砂纸卷等，主要使金属表面光滑整洁，展现金属光泽；钳子，主要用于固定材料，弯曲造型等，根据工艺的需要钳子一般有虎钳、尖嘴钳、圆头钳、平口钳、长柄钳、索钳等；镊子，细工中运用广泛的一种工具，类型丰富，形式多样，有大小、长短、尖钝之分，用途广泛，主要用于固定被焊接物、花丝的掐填、珠粒的排放、羽毛粘贴等；还有一些小工具在首饰制作中也常用到，如起到测量作用的戒指棒、戒指圈、钢圆规、钢尺、卡尺等，另有剪刀、夹棒、钻头、沙包、胶板、砂纸等都具有不可或缺性（图2-20）。

图2-20　常用工具

　　这类工具是艺人们经过代代相传继承下来的，在工具式样和种类的继承过程中，有的工具保持着原有工具的功能与样式，有些工具是艺人在实践中根据实际情况即兴制作的，因而细工工艺的工具有一定的稳定性和灵活性。

2.1.3.2 工具制作方法与传承

金银细工中，工具是工艺运作之本，而工具的制作方法则是精致工具获得的重要途径。由于工艺的特殊性，只有技术的实施者才能真切地体会到工具的优良，精湛的技艺离不开精细的工具，工具中细微的差别都会给工艺带来巨大的差别。在錾刻工艺中，为追求工艺的精致程度，制作花錾时錾子顶部纹饰肉眼都难以看清，需要在放大设备下才能清晰，可见用这类錾子錾出的纹饰非常细腻。也因此，金银细工工具多是手艺人自己亲手打制而成。没有得心应手的工具很难完成精致的细金工艺，制作工具是成为学徒学习工艺的第一步。在工具传承中，不仅传承工具的式样，还传承工具的制作方法，主要通过以下几个途径来实现工具的制作。

捶打、锉磨。捶打和磨制是工具制作的基本方法。由于金银细工多是对金属材料和宝石材料进行制作，因而细工工具也多是由金属材料制成，其中钢、铁占据主要的部分。因而这类工具的制作方法，主要运用锤子、砂轮、锯等工具去除多余部分，再修正工具的外形，使其达到工具式样的基本形态。在工具基本形体打造完成后，需用锯、锉、砂纸等工具进行细节的锉磨处理，并结合艺人经验与工具的功能调整细节，使工具更为实用。这类加工方法，一般多用于生铁和钢材工具的加工，待形体处理完整后，进行淬火以提高硬度，便可使用。

錾刻。这种工具的制作方法多适用于錾子的制作。在细金工艺中，錾子的式样丰富，可多达上百种，对錾子的制作显得尤为重要。錾刻就是其中的一种方法，主要是以硬度较高的材料在錾头上雕刻出錾子纹饰，再在另一根平头的錾子上用强力錾出纹饰的方法，这一过程主要利用金属间硬度的差异，将纹饰强压在另一个錾头之上，从而形成纹饰（图2-21）。有时也会用简单纹饰的錾子，在另一个錾子顶部雕刻出理想的纹饰。如沙地錾的制作，先用硬度较高的一字錾，再将另一根錾子的顶部打磨平整，随后用一字錾在处理

图2-21 錾子制作

好的錾面上有序、规整地用十字交叉的方式錾出纹饰，从而形成沙地纹（图2-22）。以錾刻的方式获取工具带有复制性的特点，在现代的工具制作中常被数字技术所替代。

钢模复制。这也是工具获取的一种方法，与錾刻方法相似都是在外力的强压下，将模具中的纹饰复刻到其他金属上，这种方法也多用于錾子的制作。除去这类方法，制作工具的方法还有很

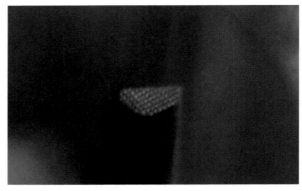

图2-22　沙地錾

多，如锡板、胶板的熬制及材料的配比，丝线的盘绕工具等，这些都是艺人长期的实践经验以及结合前辈实践心得所得。这些方法看似简单，但却行之有效，里面凝结着几辈人的心血，都是经过不断的反复尝试传承下来的经验。在金银细工中，工具的传承是举足轻重的，但在传承过程中应注意到每一细节的发现，尤其是艺人心口相传的工具制作方法，以免主要工具制作要领的丢失。

2.2
金银细工首饰的材料要素

首饰不同于其他平面设计，它是以材料为物质基础进行创作的，而金银细工首饰的材料有别于其他类型的首饰，因而对材料的掌握是工艺制作进行的基础。材料通常具有纹理、结构、形态等特征，设计多是通过对材料属性的运用来传达设计理念，因而对材料基本性能的了解有利于设计价值的实现。首饰材料随首饰的产生而发展，有着悠久的应用史，从自然材料到人工材料的应用，这一系列的变化是艺术与技术的发展所带来的结果。现在，随着新观念、新材料的影响，细工首饰材料出现了较强的包容性，在以金、银、珠宝等贵重材料为主流的同时，也出现了如纸、陶瓷、肥皂等其他类型材料的运用。

2.2.1 材料的种类

金银细工首饰由于工艺特色及历史的传承性，在材料的使用方面相对比较稳定，主要以贵金属材料和宝石材料为主。究其原因，一方面是这类材料具有美丽、稀少的自然品格，是人们喜爱的材料类型；另一方面这类材料拥有较好的延展性、可塑性、稳定性特点，是细工技艺制作的绝佳材料，其材料属性与工艺方式比较吻合，也因此它们成为固定的搭档。另外，贵金属、宝石材料自身的价值与精细的工艺价值相吻合，也成为工艺、材料稳定搭配的一个原因。由于资源稀缺，贵金属材料和宝石材料在地壳中储量少、价格高，并且这类材料拥有较好的色泽与美好的寓意，因而常与工艺复杂、精美绝伦的细金技艺进行搭配，为工艺的美加值。在当代设计思潮的影响下，金银细工中除去金属材料和宝石材料外，还有其他材料的应用。以下对金银细工中常见的材料进行分类介绍。

2.2.1.1 常用金属材料

金属材料是金银技艺承载的主体，是工艺实施的基础，因而对金属材料的认识和发现是细工技艺诞生的前提，在细金工艺中常用的工艺材料主要有以下几种：

（1）黄金

黄金，也称金子，是具有金黄色泽的金属。其化学元素符号为Au，原子量为196.97，熔点1064.18℃，沸点2836℃，相对密度19.31，莫氏硬度2.5。黄金是一种稀有资源，在地壳中储存量较少，据推测约有60万亿吨。由于黄金材料的稀缺，这类材料比较珍贵，因而常作为饰品材料和摆件材料。此外黄金的用途较为广泛，也是现代通信业、航空航天业以及电子业的重要材料。

黄金是一种柔软，具有较好的抗腐蚀性的金属。在金银细工中，黄金材料是此工艺的首选材料，主要与其所具有的三大物理性质有关。黄金的三大物理性质主要为：一是颜色，其色泽金黄，并具有一定的稳固性，不易氧化；二是延展性，黄金具有异常的延展性，能将0.5克纯金拉长为160米左右的金丝，是花丝工艺的绝佳材料；三是可锻性，由于黄金具有良好的延展性，因而具有较好的可锻性。通常情况下，可将金片碾成0.001毫米的金箔。由于黄金的物理属性，易将金属制成片状、丝状、块状等，适合于细工中的錾刻、编织、累丝、点翠等多种工艺形式。另外，黄金还具有较好的抗酸碱性，在空气中不易发生化学反应，并且在一般火焰下不易熔化，具有"真金不怕火炼"的美誉。由于上述属性，黄金也就成为金银细工中的绝佳材料，并由于材料的稀有性使得黄金饰品成为财富的象征，为细金饰品带来多重功能。但黄金有一致命弱点，过于柔软，易变形，因而不适合弯曲弧度大及轻薄造型的饰品，亦不适合宝石镶嵌，易造成宝石脱落。

（2）K金

K金，是karat gold的缩写形式，是黄金的一种合金形式，其标识为K。主要指在黄金熔炼时，按照一定的比例添加铜、银、锡等金属，形成黄金的合金形式。自古以来，黄金受到人们的青睐，成为饰品的重要材料。此处的黄金多指纯金，指经过提纯后黄金的比例达到99.6％以上，含金量的千分数达到990时称为"足金"，千分数不小于999时称"千足金"。由于黄金过于柔软，首饰在造型上受到限制，因而出现了K金。根据黄金与其他金属比重的不同，形成不同的K金形式，有1～24K，市场上出现最多的为10K、12K、14K、18K、22K、24K。K金与黄金不同，黄金一般色泽呈金黄色，而K金由于添加了其他金属，可呈现黄色、白色、玫瑰色等颜色，同时也提升了金属的硬度，扩充了艺术创作空间。由于硬度的提高，适合首饰的各种造型，如S形、圆形、线形等，同时也适合于各类镶嵌方式，从而丰富了细金工艺技艺方式（图2-23）。

图2-23　18K镀金坠饰　王菊摄

（3）白银

白银，也称银，因其色为白色而得名。银的标识为S，化学元素符号为Ag，原子量107.87，熔点为961.78℃，沸点2162℃，莫氏硬度为2.7，相对密度为10.5。银质地柔软，具有良好的延展性和柔韧性，其延展性仅次于黄金，能碾成薄至0.00003厘米的透明箔，亦可拉成细丝，因而成为累丝工艺的良好材料（图2-24）。银与黄金一样，都是应用历史悠久的贵金属，在我国主要分布在广东、青海、云南等省份，相对稀缺。银是常见的首饰材料，其化学性能不稳定，易于与硫及其化合物发生反应变黑。现在市场多见有999银和S925银，999银是纯银，纯度较高，呈纯白色，相对更为柔软，较易拉成细丝。S925是国际标准银，又称先令银、文银，是银的一种合金形式，含银量为92.5％。其主要用于商业、首饰制造业和打造银器，其硬度要高于纯银，

图2-24　花丝作品　朱鹏飞作

适合各种形态的首饰制作。另外，在日常工艺中，为了满足工艺和首饰造型的需求，有时对纯银进行改良，在银的熔炼过程中按比例加入铜等金属，既可提高银的硬度，也可以延缓空气对银的氧化速度。银根据合金成分的比例一般有：850银、925银、950银、999银等不同形式。银的价格相对于黄金、铂金等贵金属更便宜，在首饰制作中多适合中青年的个性化饰品，常与中低档宝石搭配使用。另外，我国民众对银有着特殊的感情，银可试毒，并有着美丽的传说，常被视为吉祥材料。在中国古代首饰中，多以金、银为材料，并配以吉祥的图案纹样，传达吉祥的寓意，形成了所谓的"金气""银气"，可以驱灾避难，因而金、银成为首饰的主要材料。金饰固然美丽，可其价格较高，不能在民众中广为流传。较之金饰，银饰更具有亲和力，在民间更有"无银不成饰"的说法，在《说文解字》中，将其视为"白金也"，可见民众对银具有独特的感情。

（4）铂金

铂金与金、银一起统称为贵金属，其化学元素符号为Pt，原子量195.08，熔点为1768.2℃，莫氏硬度为4.2，相对密度为21.45，是一种色泽呈纯白色的金属。由于铂金的稀少性及物理性能相对稳定，是现代首饰材料中比较常用的材料。在自然界中与铂金共生的铂族元素有钌（Ru）、锇（Os）、铑（Rh）、铱（Ir）、钯（Pd）。铂金主要分布在南非、俄罗斯等国家，中国铂金储备量较少，仅占世界的百分之一。铂金材料天生具有优良的品质，其拥有美丽的色泽，且化学性能稳定，不易氧化，并具有耐热、耐酸、耐摩擦、耐腐蚀等性能，因而能够长时间保持其美丽的色

泽。另外铂金材料具有良好的延展性，尤其自身又具有一定的硬度，适合各种首饰造型，也适合多种工艺制作，因而是首饰设计的良好材料。铂金材料根据含金比重通常可分为Pt850、Pt900、Pt950、Pt990、Pt999等，其中Pt999也称千足铂。

（5）铜

铜也是中国传统的金属，化学元素符号为Cu，原子量为63.546。由于价格较低也易于加工，也时常用于细工工艺中。铜柔软且富有韧性，有红铜、黄铜、青铜、白铜之分，它们都是纯铜的合金形式。纯铜，呈红色，质地较软，具有良好的延展性，适合于锻打成形，也是细工中常用到的种类。纯铜经过锻打，其内部分子结构发生变化，金属表面越来越坚硬，再次加热时分子结构又会恢复活跃，从而易于锻打和弯曲。作品《巧·饰》，就是运用纯铜的柔韧性进行弯曲造型，并与银材结合使用呈现了作品整体形态（图2-25）。古代用铜作为饰品材料时，多采用铜镀金的形式，既能较好地展现精致的工艺，又能凸显饰品的

图2-25　作品《巧·饰》　田伟玲作

美观性。黄铜，是铜和锌的合金，颜色为黄色，硬度高，具有较好的装饰性，在工艺上不适合锻造，由于其熔化后流动性较高，且具有较好的可塑性，比较适合铸造工艺。青铜，是纯铜与锡或铅的合金形式，也是金属冶铸史上最早的合金。与纯铜相比，青铜呈青色，硬度相对较高，熔点低，且具有较好的耐磨性、抗腐蚀性，适合铸造等。白铜是纯铜和镍的一种合金，呈银白色，硬度高、耐腐蚀，具有较好的金属光泽，在一定的程度上可以与银相媲美。由于各类铜材的不同属性，因而在金银细工中主要运用红铜材料，多以錾刻的工艺方式进行，由于铜具有较好的柔韧性，能将饰品的细节处理得精美细致。

随着技术和思想观念的转变，在细工首饰中除去上述的金属材料外，还运用到其他金属材料，如铁、不锈钢、亚金、钛金等，这类材料各有特点，有的成色明亮，有的色泽丰富，常与贵金属结合使用，展现新的思想观念。

2.2.1.2 常用宝石材料

宝石材料是首饰中重要的材料，珠宝首饰在首饰中占据重要地位。宝石材料的应用已经有几千年的历史，其不仅美丽而且拥有动人的故事。古有"君子比德如玉""玉，神物也"之说，可见人们赋予珠宝丰富的精神内涵，正如《说文解字》中载"玉，石之美，有五德。"，将玉石与人的品格相连。当下，宝石在继承传统的寓意文化的基础上，又被时代赋予新的精神。

首饰中宝石的种类较多，按宝石的样式划分，可分为凸面宝石、刻面宝石、珠形宝石及异形宝石等。凸面宝石的特点为观赏面为一个凸起的弧面，有单凸、双凸之分，并多呈现圆形（椭圆形、心形、橄榄形）、矩形（方形、十字形等）、水滴形等。凸面形宝石多适用于半透明或不透明的宝石，常采用包镶的镶嵌方式（图2-26）。刻面宝石，其观赏面是由许多小刻面按一定的规则排列组合构成的，形成规则对称的几何多面体。这类造型多适合于个头大、透明性较好的宝石，如钻石、红蓝宝石等。由于刻面宝石的形体特征，这类宝石适合于爪镶的镶嵌方式。这类镶嵌方式由于金属包裹的面积较少，可将宝石最大限度地透在光下，在阳光的照射下，能较好地反射出宝石的"火彩"（图2-27）。珠形宝石，是外形为珠状的宝石，这类造型多适用于中、低档宝石，或有机宝石中的珍珠、珊瑚以及水晶、碧玺、玛瑙、松石等（图2-28）。这类宝石多适合串珠式首饰，或是钉镶的镶嵌方式。异形宝石也称自由形宝石，这类宝石多天然地保持原形状和人工形状。

图2-26 凸面宝石　熊德昌摄

图2-27 刻面宝石　潘墨怡摄

图2-28 玛瑙珠

宝石按照形成的方式划分，可分为天然宝石和人工宝石。天然宝石，主要指在自然环境下形成的单矿物晶体和岩石，一般具有美丽、耐久、稀少的特点。首饰中，天然宝石根据品质的优劣可分为高档宝石、中档宝石及低档宝石等级别，如钻石、猫眼石、祖母绿等都属于高档宝石，水晶、玛瑙、青金石等属于低档宝石。人工宝石，主要指部分或完全由人工加工制造的宝石，包含合成宝石、仿制宝石、组合宝石和人工优化宝石。合成宝石，主要是模拟自然界中宝石形成的条件，以人工的方式结晶或重结晶形成的宝石，其晶体结构、基本属性与天然宝石基本相同。仿制宝石，指根据天然宝石的外观形态和特殊的光学效应制造的仿制物品，这类宝石不具备天然宝石的晶体结构和物理化学性能，如立方氧化锆、仿红宝石玻璃等。组合宝石，一般指以人工的方式将两种或两种以上的宝石组合起来，按照组合的层数可分为二、三层石等。人工优化宝石，指通过人工的方法将宝石内部的杂质去除或改变宝石的颜色及透明度，使宝石品质提高。这类宝石由于色彩明亮、价格合理，在细工首饰中也较为常见。

在细工首饰中，常见的宝石主要有以下几种：

（1）钻石

钻石（diamond），也称金刚石，化学成分为99.98%碳，等轴晶系。钻石的莫氏硬度为10，是天然矿物中最坚硬的宝石，有宝石之王的美誉。它具有较好的透明度和反光性，在紫外线下可呈蓝色、绿色、白色、橙色等色，称为"火彩"，因此钻石适合切割成刻面宝石（图2-29）。钻石根据形状有心形、方形、圆形、水滴形、橄榄形之分，在饰品中圆形最为常见。钻石的优劣一般从四方面进行判断，主要包括颜色（color）、净度（clarity）、切工（cut）、重量（carat），通常称作"4C"。4C中其一为钻石的重量（carat），钻石的重量单位为克（g），钻石交易中仍可以选用"克拉（ct）"为重量单位，

图2-29　钻石　潘墨怡摄

其中1.0000g=5.00ct。钻石的重量的标示，常在重量数值后的括号内注明相应的克拉重量，如0.2000g（1.00ct），可方便钻石交

易的进行。其二为净度（clarity），是在高倍放大镜下根据钻石内部瑕疵的数量来确定。根据GB/T 16554—2017《钻石分级》，将钻石分为LC、VVS、VS、SI、P五个大级别，又细分为FL、IF、VVS_1、VVS_2、VS_1、VS_2、SI_1、SI_2、P_1、P_2、P_3十一个小级别；其三为颜色（colour），钻石可根据颜色的变化划分为12个连续的颜色级别，由高到低用英文字母分别是D、E、F、G、H、I、J、K、L、M、N<N标示不同的色级。在钻石颜色级别划分中如果待分级钻石颜色饱和度介于相邻两粒连续的比色石之间，则选用其中较低级别表示待分级钻石颜色级别。如果待分级钻石颜色饱和度高于比色石的最高级别，则用最高级别来表示该钻石的颜色级别。其中<N表示待分级钻石颜色饱和度低于"N"比色石；其四切工（cut），切工的好坏直接关系着钻石的品种，好的切工能让钻石的火彩最大限度地显现出来。根据切工比率分级，可分为极好（excellent，简写为EX）、很好（very good，简写为VG）、好（good，简写为G）、一般（fair，简写为F）、差（poor，简写为P）五个级别。

钻石以晶莹剔透、璀璨夺目的品质在人们心中占据重要的分量，并形成了美丽的传说。世间对钻石的传说很多，有的认为它代表着爱情，是爱情纯真的象征；也有的认为是财富、权力、地位的象征。总之对于钻石的传说就如钻石本身一样美好和闪耀。

（2）红宝石

红宝石（ruby），指色泽呈红色的刚玉，是刚玉的一种，莫氏硬度为9，主要成分为氧化铝。红宝石中，红色主要来自铬，铬的含量越高颜色越红，顶级的红宝石有"鸽血红"之称。红宝石晶莹剔透，色泽美丽，在日常中多以刻面宝石的形式出现，其中以圆形、椭圆形为常见形状，此外也有心形、水滴形、橄榄形等。天然红宝石主要开采于缅甸、泰国、巴基斯坦等国，以及我国的云南、新疆等地区，非常稀少，并由于优美的色泽而显得格外珍贵。在首饰中，红宝石有美好的寓意，是美丽、智慧、健康、仁爱的象征，成为高尚品德的代表，也因而受到人们的青睐，成为细工首饰中常用的宝石材料之一（图2-30）。

图2-30　红宝石戒指　真库珠宝

（3）翡翠

翡翠（jadeite），也称翡翠玉，莫氏硬度为6.5～7，是玉的一种，以硬玉为主。翡翠得名于鸟名，相传这种鸟羽毛鲜艳，羽毛呈红色者为雄鸟，名翡鸟；羽毛呈绿色者为雌鸟，名翠鸟。因而，翡翠有"翡""翠"之分，色泽为红色的为翡，绿色为翠，另外翡翠还呈黄、青、黑、紫等色，总之翡翠的色泽越纯正、水头越饱满，价值越高。翡翠有"玉石之王"的美誉，其色泽优美、质地温润，古人认为翡翠为吉祥之物，可保平安，是首饰中的绝佳材料（图2-31）。翡翠在首饰中用途较广，可单独作为饰品呈现，也可与金属结合制作成镶嵌类首饰，并且翡翠通常雕有丰富的图案以表达对吉祥富贵的追求，符合我国纹饰中"图必有意、意必吉祥"的特点。

（4）珍珠

珍珠（pearl），有机宝石，主要成分为碳酸钙、碳酸镁，是由珍珠贝类和珠母贝类的软体动物的体内分泌物形成的。珍珠色泽丰富，有白、浅黄、粉、黑、古铜、紫等色。珍珠由于是自然生长而成，所以在形状上有圆形、椭圆形、水滴形、异形等多种形状，并以正圆形为尊，与玛瑙、水晶、玉石统称为"四宝"。珍珠的品质取决于其颜色、形状、大小、光泽以及透明度，一般而言珍珠层厚、光泽明亮、表面温润、形状规律的珍珠较好。珍珠不只具有美丽的外在，还具有药用作用，常用于中药医理之中。在珍珠中含有多种微量元素，具有安神醒目、美容生肌等功效。由于珍珠的益处较多，也就被赋予了健康、富有、纯真、吉祥等寓意。

图2-31 翡翠吊坠 王菊摄

在当代首饰中，宝石材料种类较多，除上述的几种材料外，还有祖母绿、青金石、蓝宝石、碧玺、猫眼石、欧泊、月光石、石榴石、橄榄石、托帕石、软玉、玉髓、孔雀石、鸡血石、玛瑙、绿松石、珊瑚、琥珀、象牙等，也较普遍运用。

2.2.1.3 其他材料

日常情况下，细工首饰材料主要以贵金属材料与宝石材料为主，以满足首饰的功能，实现首饰传统"美"的价值。但随着时代、文化的变迁，当代人审美观逐步发生变化，开始关注人的本质需求，注重生命美、认知美、环境美、身体美等多元因素，从而使设计师不断地思考美的本质。因而在细工首饰设计中，将首饰材料的本身价值与艺术展现联系在一起，从而新材料开始融入其中，以此来探讨当代细工首饰的价值及美的含义。在此情境下，设计师也摆脱了传统思想的束缚，对细工首饰进行再认识，以时代审美需求为主导引领细工首饰的发展。新视野下，细工首饰不仅展现自身功能价值，还将视点放到与人相关的核心问题上，如生活现状、人本意识、环境变化、科学技术等，都成为首饰表达的主题，从而给细工首饰带来无比宽松的空间，使饰品的功能、形式、材料等都有所改变。

当下，细工首饰在以金银和宝石材料为主的前提下，融入了多种新型材料，主要源于多元化审美的诉求。新材料主要是指传统细工首饰中不常用的材料，可以理解为除去金、银、铂等贵金属材料和宝石材料外的其他材料形式。这类材料比较丰富，有生活中常见的一般材料，也有生活中运用的固有用品，一般有：陶瓷、纤维、木材、玻璃、树脂、橡胶、石膏、羽毛、亚克力、水泥、纸、熟料等。在现代文化的影响下，固有物品也逐渐被赋予与其使用功能相似的价值意义，并应用于细工首饰之中，借此传达着设计情感，如笔、尺子、鞋带、拉链、肥皂、玩具、光盘等。这类材料从本质上讲，已经具有一定的价值属性，有固有的功能、形式、色彩，并具备相应的触觉、视觉、嗅觉感受，更利于设计主题的展现。

细工首饰中对新材料的运用，是当前设计文化的需要，是对设计本质的探寻。设计是适应性活动，是以人为本体的，因而对材料的运用是人对美的认知变化然后做出的调整。时代变迁、环境变化等系列问题，都是首饰设计自我调整的基础，也是当代细工首饰发展的重要依据，因而细工首饰中材料应用变化是适应时代发展的结果。

2.2.2　材料的属性

材料是细工首饰制作进行的物质基础，其中材料的属性是首饰设计与制作的基本依据。自古以来，工艺美术都重视对材料属性的分析，正如《考工记》中载"天有时，地有气，材有美，工有巧。合此四者，然后可以为良。"因而工艺创作中，注重时代因素的同时还应重视材料的物理属性及工艺的适用性，充分地将各要素综合运用，才能创造出适宜的产品。在对细工首饰创作之前，应全面地了解材料的属性，以便更合理地进行设计。首饰中材料种类非常丰富，可从材料的自然属性和人文属性两个方面进行分析研究。自然属性，多是指材料自身所具有的基本属性，如色彩、质地、硬度、肌理等，这类性质直接决定了材料的应用方式和工艺的呈现方法。材料的人文属性，是指以人为基础对材料的主观感受，通常包括对材料的色彩、质感、纹理的情感反应。

2.2.2.1　材料的自然属性

材料的自然属性是一个综合体，包含颜色、质地、纹理、光泽、造型方式等多种因素。在当代的细工首饰中，只有充分地认识材料的性能，才能更合理地运用材料，实现材料的价值。对材料的运用是人类对材料自然属性的认识和掌握，每一种材料都有各自的特点，只有深入了解材料的各类属性，才能更好地进行设计创作。

（1）颜色

颜色是首饰的重要构成因素，它既可以给饰品带来美感，也能给人带来不同的心理感受。首饰的颜色主要依赖首饰材料的色彩呈现，在通常情况下首饰色彩可分为金属色、宝石色、其他材料色彩，并具有相对的稳固性。金属色一般有金、银、红、白等色，这类色彩冷峻又不失温度，明亮又不失艳丽，给人以文雅、理性之感，是首饰色彩的最好表现。宝石颜色丰富多彩，根据宝石种类的不同而呈现不同的色彩，钻石、祖母绿、红宝石、珊瑚以及玛瑙等每一种宝石都带有一个色彩世界（图2-32）。宝石的色泽不同于金属的低调和内敛，其颜色光彩夺目，带有高贵典雅、富丽堂皇的气质，是其他材料所不可比拟的，也因此珠宝首饰从古至今经久不衰。除去金属材料和宝石材料外，其他材料色彩更为丰富，绚丽多彩的珐琅色、晶莹剔透的玻璃色以及柔软的纤维色都能带来不同的首饰体验。

图2-32　祖母绿　熊德昌摄

（2）质地

质地是材料的根本属性，材料间的差异往往在于质地的不同，质地决定了材料在首饰制作中的使用方式和加工方式。细工首饰中对金属材料的运用比较普遍，主要由于其质地对于首饰产品的适应性，金属具有一定韧性和抗压性，因而易于加工且不易变形。正是由于金属的柔韧性和可塑性，才造就了花丝、錾刻、锻打、铸造、镶嵌等多种工艺形式。宝石材料也因质地的不同，被琢磨成刻面宝石、凸面宝石、珠形宝石等，并根据宝石的特点选取不同的工艺方式。此外，也有其他材料根据各自的质地，选用不同的呈现方式，如珐琅的烧制、陶瓷的堆贴、纤维的缠绕等。

（3）纹理

不同的材料有着不同的生长肌理，纹理性是材料自身身份的象征，木纹有与生俱来的年轮所留有的痕迹，纺织品根据不同的制造方法产生不同的纹理，金属也根据加工方式的不同而形成了不同的肌理。材料的纹理性，有的是材料自然成长中所形成的，也有的是后期对材料的加工所呈现的，总之，每一种纹理都有着独特的美，把握好纹理与设计的关系是材料纹理美释放的基础。

除去上述的几种自然属性外，材料还有质感、硬度、光泽等多种属性，只有充分地了解，才能做到"因材施艺、匠心独运"，才能更好地赋予设计的力量，使材料的价值和美展现出来。

2.2.2.2　材料的人文属性

当下的首饰设计中，设计师对材料的运用不仅要掌握其自然属性，还应了解材料的人文要素，以便准确地掌握材料、工艺、形态、思想的关系。材料的人文属性，主要来自人对材料的感知，可从直接感受和深层感受进行了解。

直接感受，多指人在接触材料时的最初感受，这种感受比较直接，具有普遍性认知的特点，是通常情况下大众对材料的共性认知。这种感受一般来自人的感官，是感官对外在物作出的反应，一般可从视觉、听觉、嗅觉等方面分析。视觉是人对材料最初的判断，通过视觉感受可将普遍性认知与设计符号相连，起到明确主题的作用。通常情况下，对材料的体验一般经过观看、触摸、剖析等过程，从材料的色彩、肌理、性质等视觉信息中，可传达出冷、热、冲击、平静等不同的情感，这种感受也逐步形成了程式化的视觉符号。毛绒材料给我们带来温暖、柔和之感，因而以此类材料制作的首饰也能传达出热烈、温和的情感，如果再加上暖色的纤维材料，更能加深对材料的印象。钢铁等金属材料给我们带来的感受与毛绒材料截然不同，其坚硬的实质、灰色的基调让我们感受到凛冽的意志，给人们带来庄重、威严之感。木材温润又不失坚硬，让人感受到平静以及安宁祥和。除去视觉感受之外，嗅觉感受也是材料不可忽略的气质。首饰设计中，嗅觉感受也是首饰设计考虑的因素之一。自然界中有些材料自带气味，不同的气味给人带来不同的心理感受，"铜臭味"一词正是材料的气味与情感结合的例子。也有一些材料所散发的气味是人们所期许的，给人带来安宁与愉悦，如檀木、艾草等。

对材料的深层感受，一般指在对材料直观感受的基础上，对材料属性的深入分析，多是人对材料的主观认识，同时也带有群体意识的特征，常与社会文化相连。在细工首饰中，金银材料和宝石材料成为首饰中主要的材料，这类材料的运用与材料本身所带有的人文思想密切相关。设计中，对材料的选用一方面出于实用功能的考量，另一方面是对精神的需求。古时，对于玉石的解释为"石之美者"，有别于现代对玉石成分的鉴定，可见古人是从人文、审美的角度来认识玉石。民众对玉石的感情由来已久，石器时代起玉石就从石头中分离出来，具有"神"性，也具有文化属性。因此，玉石常被赋予神秘色彩，从而衍生出玉石能够祈福、庇佑、赞美的功能。随着社会文化的变迁，玉石的属性从"神"性逐步扩展到世俗文化的价值意义中，其中包含"财""德""信"等文化形式。同样，金银也是如此，以自身的属性及材料特征被赋予神秘色彩，先民认为金银材料拥有肉眼所看不到的力量，能佑人平安，因此它们拥有相应的文化价值，常以首饰的形式出现在民众的生活中，承载着人们的精神需求。

2.3
金银细工首饰的形态要素

细工首饰的精美度，一方面取决于工艺的精准到位，另一方面取决于首饰形态美的展现。形态要素是首饰视觉呈现的首要要素，也是设计师情感传达的媒介，是首饰美的本质体现，因而首饰设计的实施首先从设计形态的探寻开始。

2.3.1 形态元素

在首饰设计中，点、线、面是最基本的形态元素，其概念有别于几何学中的概念认知。有效地运用点、线、面元素，可使首饰呈现丰富的造型方式，亦能凸显首饰特点。点，是首饰设计中常见的元素，此处的点已不是几何学意义上的点，其形状、大小都不影响它在整体造型空间中成为相对小的视觉形象。此处所指的点，不只限于圆形的点状，还可以是花卉造型、动物造型、建筑造型等，在整体空间中形成点的视觉感受的形象都可以称为点（图2-33）。在细工首饰中，珍珠、宝石、金属件等元素都可作为点进行运用，从而起到点睛之笔的目的。在点的运用中，应注意大小、虚实、疏密等关系的处理，可根据设计主题选择不同的排列方式，以形成不同的意境。线也是首饰造型的主要元素，一般起到对形体的支撑作用，首饰的轮廓、骨架结构常以线的形式展现。设计中，线有长有短、有粗有细、有曲

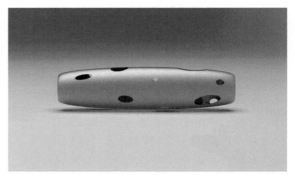

图2-33 点的运用《穿梭如梦》 陈传印作

有直，可以通过对顺滑、平形线条的运用，表达舒缓、幽静之美；通过对旋转、波浪线条的运用，传达飘动、婉转之感。线的运用方式较多，可以根据设计需要选择适宜的线条，并有节奏、次序地排列组合。面也是首饰造型中的常见元素，此处的面也非几何学意义上的面，而是在视觉形态中形成面的特征，因而设计中对面的理解更为宽泛。点的运动轨迹呈线，线的运动轨迹成面，因而面既可以是由点的排列而成，也可以是由线的排列形成，由此面有平面、曲面、弧面、折面之分。在细工首饰中，点、线、面常组合使用，对这类元素的运用也较灵活，从而形成了不同程度的立体感、空间感、重量感，也形成了丰富的首饰形态，产生了一定的节奏与韵律。

2.3.2 造型方式

首饰的形态元素一般包括首饰的造型和纹饰，在造型方式上细工首饰与其他首饰一样都具有首饰的普遍性特征。首饰多是由点、线、面、体造型要素构成的立体形态，形态的塑造是以人体结构为准则进行的，其结构形式一般要遵循舒适性的佩戴原则，因而常见首饰的种类一般有项饰、胸饰、戒指等。在首饰的整体形态中，首饰的结构随身体特征而不同，项饰多为环形以便于佩戴，胸饰的背面常为平面以符合人体胸部特征，戒指多为圆环状、空洞式结构。首饰形态最为重要的一点就是物与人体的适应性，因而首饰的体量、大小、框架结构等因素要与肌体特征相符合。

首饰形态主要由点、线、面等元素所构成，形成外在的视觉形象。在细工首饰的造型中，根据首饰形态特征可分为自然形态、几何形态、叙事形态等。自然形态，也称写实形态，是首饰造型中的重要形态。自然界中存在的一切事物及现象都可以给首饰设计带来灵感，这不仅包含自然中的动物、植物，还包括自然界中的风景及自然肌理等。首饰中，自然形态运用较为普遍，一方面源于自然美，另一方面源于中式审美下自然物中所富有的寓意，因而自然界中花卉、瓜果、种子、叶子、动物等都成为首饰表现的主题（图2-34）。几何形态，也是首饰中常用的造型形式，主要运用概括、比喻、象征等手法对形式语言进行提炼，以理性与感性结合的思维方式展现主题情感。与自然形态相比，几何形态人为加工痕迹更为明显，经过简化以几何、抽象的形态呈现，给人以理性、次序、冷静之感。叙事形态，是介于自然形态与几何形态之间的一种形式，以自然形象或抽象形象讲述一个故事，具有情景剧的特点。在当今多元文化的影响下，首饰的风格丰富多样，首饰在装饰纹饰和符号的运用上更是无所不有，无论是自然形态还是抽象形态只是首饰

图2-34　自然形态首饰　吕纪凯作

呈现的方式。在形态呈现过程中，还应掌握形态美的规律以及主题阐述的准确性。

2.3.3　形态美的法则

　　首饰形态的呈现，首先要具备美的视觉，才能更好地展现首饰本身所要传达的功能与理念。因而在首饰形态元素的运用上，一般要遵循现代美学规律和法则，如对称与均衡、对比与协调、统一与多样等，只有处理好各要素之间的关系，才能呈现和谐、优美的饰品。

　　对称与均衡，是细工首饰造型中常用的造型法则。对称多指饰品中相同元素间有规律地重复，在形状、结构、大小、排列等方面相等或相当，形成对应的关系，如眼睛、鼻子等。在首饰中不少结构采用对称组织方法，这类饰品给人以严谨、准确、庄重之感。均衡，多指平衡，指在视觉上产生协调感，形成内在的统一。平衡的方式很多，在结构上可采用上下、左右、垂直、水平等，在视觉上可通过对设计元素如多少、大小、疏密等关系的调和，达到视觉、心理的均衡，并给人以稳固、和谐、舒适之感。对称给饰品带来庄重的形象，均衡则带有动感和活力，这两种手法造就了不同的首饰风格。

　　对比与协调，也是首饰元素运用的形态美的法则。对比是将两个或两个以上的元素如材质、色彩、造型等调和在一起，以达到视觉冲击。首饰中对比的方式比较丰富，有大小对比、色彩对比、肌理对比、线面对比、空间对比、虚实对比、动静对比、多

少对比、高低对比等，多元的比较与反差可起到突出重点、强调主题的作用，也可使作品产生活跃感。对比能带来变化，然而在各元素的对比之中，我们还应注意比较的次序和尺度，既不能太过又要突出主题，需把握好饰品的基调，在整体中寻求对比，在对比中力求协调。无论是纹饰的运用，还是色彩的对比，都不能过于强烈，不然会有混乱和无次序感，因而在比较的同时，还应兼顾各元素的综合运用。

统一与多样。首饰设计中，如何将各个元素和谐地组织起来，是设计首先考虑的问题之一。统一性主要指将设计中多个元素，或是单个元素的多个形态以某种方式有机地统一起来，在视觉上形成有序、和谐的整体。多样性是指，在和谐统一的大环境下，带来恰当的对比关系，如线与点、细与粗、柔与刚等。这些对比可以打破原有元素的单调乏味，给饰品增加一定活力，但也不能破坏首饰原本的和谐。因此我们需要清楚在寻找多样性的同时应注意饰品的整体性，多样性应在统一的前提下去寻找，形成统一与多样的和谐有机关系，否则就会变得杂乱无章。

在细工首饰造型中，对各元素进行运用时，除了要遵守上述的一般美的规律外，还应遵守元素的重复与节奏、对称与平衡、简约与复杂等多项法则，将首饰形式之美准确地表达出来。同时，也将首饰的精神蕴含于有意味的形式之中，使观赏者、佩戴者产生情感共鸣。

2.4
金银细工首饰文化价值

当代金银细工首饰，是在对中国传统金属工艺继承的基础上发展而来的。不仅继承了首饰式样还继承了首饰式样中所蕴含的文化，文化性是首饰精神所在。中国文化博大精深，丰富的文化形式与特有的中式审美方式有着莫大的关系，反映着中国造物的智慧，也以独特的符号将情感传达于世人。由于首饰用于装饰身体，并具有媒介意义，因而吉祥文化在首饰中占据重要的位置。

吉祥文化经过漫长的积淀，拥有深厚的文化内涵，并涉及社会生活的各个领域，以丰富的艺术符号向外界阐述着中国独特的文化语言。从古至今，经过历史的积淀，细工首饰无论是造型式样还是材料种类，都含有深厚的文化内涵。细工首饰中所含有的文化思想比较丰富，在此从物化形态和精神价值两个方面进行整理分析。

2.4.1　物化形态中的文化价值

首饰是一件物品，具有真实的物体形态，并拥有一定的实用功能和精神价值，无论是哪种功能都要依托饰品的物化形态来实现。在首饰设计中，设计师往往将首饰的造型、纹饰、色彩等因素与文化思想相连，将人的主观意识以独特的艺术符号传达出来，从而展现设计的本质意义。

2.4.1.1　造型中的文化意义

中国首饰种类繁多，每一种首饰都有丰富的造型和式样，在式样和造型中又含有独特的精神文化，用最朴素的自然观和人文观阐释着中国人的精神世界。

（1）人与自然的和谐观

"和谐"是中国自古以来的重要思想观念，人与自然的和谐共处构成了中国文化的核心要素。和谐一词在现代的解释，多为配合得当和匀称之意，与协调、谐和、协和、融洽、和睦等词意相近。古代也有多重理解，在《广韵》中将"和"解释为"顺也，谐也，不坚不柔也。"《谥法》中有"不刚不柔曰和"之说，中庸、中道等思想都是和谐思想的集中体现，均与当代的和谐认知保持一致。中国哲学思想上最突出的特征是强调"和谐美"，注重人与自然、人与物、人与人的和谐共处，这种思想经过社会的推移和自然的进化成为中国传统文化思想的精髓，以至于和谐发展观也是当下社会的核心文化。中国和谐的观念是建立在人对自然崇拜的基础上的，早在两千多年前孟子就提出了"天人合一"的思想，强调天、地、人的统一。其中阴阳五行思想也是和谐思想的反映，认为"阴阳相合、万物生长"，和谐促进共生。在现实生活中，人与自然的和谐折射出民众对平静、美好生活的向往，并将这一期

望寄托于日常用品之中，起到祈祷作用，首饰成
为重要的载体之一。

图2-35　冕冠

　　"和谐"文化对首饰的影响比较深远，如
《后汉书·舆服志》中记载古人将鸟兽的羽毛、
兽角制成首饰，可见饰品初期注重人对自然的
崇敬与信仰。另外，首饰造型中和谐思想的展
现还体现在中国服饰官制上，如古代的冕冠式样
最为典型。冕冠是帝王、王公、卿大夫参加祭祀
等典礼时所佩戴的礼冠，夏朝称为"收"，商称
"冔"，周以后称"冕"（图2-35）。冕冠在设计
上严格符合天人合一的造物观，在延板的设计上
采用前圆后方的式样，对应中国天圆地方的观念。延板前后挂有
旒，旒采用五彩丝绳串五彩玉珠而成，并以朱、白、苍、黄、玄
的顺序排列，体现了古代"五时"观。正如《隋书·礼仪志》载
"自晋左迁，中原礼仪多缺。后魏天兴六年，诏有司始制冠冕……
其五时服，则五色介帻，进贤五梁冠，五色纱袍。""五时"观在
饰品中的运用，体现了"天人感应"和"天人合一"的思想，同
时古人在服饰中对五色的运用，也是在力求人与自然精神的统一，
强调天道自然，寻求人与自然的和谐。古人对天的认识是丰富的，
有时聚焦在自然物上，有时体现在观念上，是一种意识形态。在
古人的意识中，天是至高无上的，与皇权相连，因而古时衣服的
色彩、首饰的造型无不留有人的意识痕迹。

　　（2）求全求满的整体之美

　　中国传统文化博大精深，最为突出的为吉祥文化，是人们精
神的向往，也是百姓积极生活的态度象征，因而生活中的各种圆
满成为人们追求的方向，如仕途、婚姻、家庭、经济等，总之圆
满、整体的概念成为生活中普遍的心理诉求，并影响着首饰的造
型。前面所讲和谐统一的整体美是中国传统文化的重要组成部分，
儒家提倡"中庸"之道，"中"为中正、和平、不偏离；"庸"为
用，"中庸"为守中道、不偏不倚之意。中庸之道内涵丰富，不易
以文字所表述，但这一思想展现出以整体的观念看待问题，并以
"合为美"的整体和谐观对待事物。这种思想极大地影响了中国传
统造型观，因而在造型艺术中多展现了形态完整、圆润的"求全
美满"的美学思想。

整体审美意识在首饰造型中展现得更是淋漓尽致，尤其是在传统首饰造型中尤为明显。在传统首饰形态中，无论是色彩的选择还是形态的确定都展现出整体美的视觉呈现，整齐、对称、均衡、圆满的造型特征成为传统首饰的特点，并将这种布局与"全"和"满"的美好寓意相连，形成集实用与审美相统一的吉祥物（图2-36）。如古代朝珠的造型，无论是在珠子材质、色彩的搭配上，还是在珠子的串制数量和串制形式上，都展现了时间和空间的整体运用思维，展现出和谐共处的特点。

图2-36　对称蝴蝶凤纹

2.4.1.2　纹饰中的文化意义

首饰纹饰丰富，取材广泛，从自然中的花草树木到人为形态中的建筑群体，无不成为首饰纹饰选取的对象。在对素材运用时，人们运用东方独特的审美意识将纹饰、符号、寓意联系起来，以隐喻、拟象的方式阐述着美丽的故事。因而首饰中所运用的纹饰常是一种符号，是人们与生活紧密连接的符号，也是民众文化信仰和民俗风情的展现。纹饰式样丰富多彩，承载着丰富的文化形式，其中吉祥文化是首饰造型中比较突出的特点。

（1）纹饰中的"合美"精神

首饰中的纹饰类型非常广泛，但就金银细工首饰而言，其在纹饰的选择上更具东方色彩，一般具有中国特有的符号意义，往往选择带有美好寓意的纹饰，如瓜果花卉、祥禽瑞兽以及常用的吉祥文字等，都能体现首饰具有的精神价值。对于纹饰中寓意的运用，常从两个方面进行，一是从纹饰本身出发，以纹饰的美的组织结构展现饰品美的形式；二是对纹饰内在寓意表达，展现纹饰美的本质。因而在细工首饰中，龙、凤纹常被运用到首饰造型中。"龙"是瑞兽，具有神力，是权力与力量的象征；"凤"为百禽之首，形态婀娜、婉约大方，表征吉祥，因此"龙凤呈祥"为中国美好寓意的最佳代言，是最美的精神象征。对于纹饰中美的运用还有很多，除去常见的龙凤纹外，还有展现民俗思想的植物纹、文字纹等，如用于祈吉祈福的长命锁，常饰有"长命百岁"字样，其造型多以优美的"如意"外形为基础，錾刻上与"善"的本质相连的纹饰和文字，展现合美之精神。

首饰纹饰中"合美"精神的展现，还体现在纹饰的组合上。

民众对饰品的选择不仅是外在形式的选择，更是对本质含义的向往，在对美的本质上更向往"吉上加吉"，对"和合之美"需求更为普遍。因而在饰品中常出现纹饰的组合，多种纹饰的组合正体现了"和合"文化精神，"和合"在传统文化中拥有丰富的内涵，是我国哲学思想和审美观念的集中展现。《说文解字》中将和合解释为，一是"相应也"，即相符合，相宜；二是"调也"，多种事物在一起达到和谐、和睦、和顺协调的关系。细工首饰在纹饰的运用中，巧妙地运用了纹饰的组合，以达到寓意、式样的丰富。纹饰组合多采用音、意的组合方式，将纹饰以谐音和寓意的方式组合起来，构成新的吉祥主题。明代天启七年饰品"玛瑙佛手蜜蜂形金簪"，充分地展现出纹饰的合美精神。饰品的簪首镶有以红色玛瑙雕琢而成的佛手，并在顶部嵌有一只栩栩如生的玛瑙蜜蜂形态，使整件作品色泽鲜亮优美、形态生动婉约。且饰品中"蜂"与"丰"谐音，有风调雨顺、丰收富足之意，佛手有吉祥、好运之意，因而两个纹饰的组合既展现了饰品形态之美，又体现出寓意的"和合"之美。在饰品中，类似的纹饰还有很多，如白菜与蝈蝈、凤凰与牡丹等，都传达着中国独有的审美倾向。

（2）纹饰中的"求吉纳福"

"求吉纳福"是中国民众普遍存在的心理现象，也是首饰表达的永恒主题。在传统文化中，吉、福文化内涵丰富，范围广泛，既含生活富足的实现，还有生命象征的子孙繁衍，还包含幸福美满的婚姻生活，总之一切与美好有关的因素都是吉与福思想的体现。因而在细工首饰中，与此类主题相关的纹饰题材比较丰富，表现类型更是多样。如由于生命的短暂和循环往复，民众产生了对生命繁衍的敬畏。在生命继承观念的影响下，首饰中出现了大量鱼蛙、葫芦、豆荚等纹饰的运用，以表达对子孙延绵、生命繁衍的祈求。对生命的繁衍往往通过婚姻得以实现，男婚女嫁成为我国民俗中的大事，金银首饰则成为婚嫁活动的重要物品。古时，首饰的成批打制多是集中在嫁女时节，当时婚姻需遵循"六礼"的程序，其中"纳征"是六礼中最为重要的一环，即男方向女方送聘礼以示尊重，其中金银首饰是必备物品之一。纳征中所用的首饰，其式样多是象征着夫妻和睦、子嗣延绵、和和美美的吉祥纹样，如龙凤纹、鸳鸯戏水纹、石榴纹等，人们通过思想物化的方式为后代纳福。当代的细工首饰中，也常运用龙、凤、蝙蝠、牡丹等纹饰，并结合当代审美因素进行创作，展现人们对美好生活的向往，如作品《香火龙舞》，运用了汝城香火龙的形象，结合钛金属和现代视觉造型，将龙演化得极具现代审美形象，形成了当代首饰设计作品，而又传达了对风调雨顺、五谷丰登的富裕生活的向往追求（图2-37）。

图2-37 作品《香火龙舞》 朱欢作

在首饰中，对吉祥主题的表达多采用寓意、谐音、符号等艺术形式。寓意式的表达手法是中国艺术造型的重要手段，人们将自然事物特征与现实需求相连，借物喻志，将美好的思想理念寄托于饰品的纹饰之中，以此展现对生活的向往。如饰品中松鹤纹有生命长寿之意，牡丹纹有花开富贵的寓意，百合与核桃纹的运用则象征百年好合。谐音式的艺术手法，也是吉祥主题表达的重要方式之一。谐音，一般指将纹饰的名称联想成与它同音或相近音的另外一个词，并且相关的词义正是首饰所要展现的思想寓意。在传统艺术造型中，"谐音"式的造型手法，主要通过现实中的物的特征与主观意念相连，以此传达出所包含的文化理念。如"蝙蝠"中的"蝠"与"福"同音，因而蝙蝠的纹饰常用于首饰中，表征多福。类似的纹饰运用还有很多，"糕"谐音"高"，有"步步高升"之意；"磬"与"庆"谐音，有"福善吉庆"之说；"鹿"与"禄"谐音，寓意加官进爵、俸禄丰盈。符号式造型手法，也是吉祥文化传达的主要方式之一，主要是运用大家所熟知的符号与所代表的意义进行关联，从而传达相应的文化思想。这类符号多是对图形整理、归纳、提取成固定的形式，来传达特定的含义，并且这类符号具有普遍性。如祥云纹，是公认的吉祥图符，有祥和、喜庆的象征，常与龙凤纹搭配使用，以示祥和吉祥。如意，中国吉祥文化中重要的符号代表，有事事如意、顺心如愿、心满意足等意，常用于首饰的造型中，传达出"凡如意必有寓意，凡寓意必有吉祥"的意念。此类符号还有古钱、万字符、雷纹、太极纹、柿蒂纹、龟甲纹等，都是人们根据生活经验从自然物中提取的图案符号，以传达祥瑞之意。

在细工首饰中，由于细工技艺的传承以及细工首饰的功能等因素，传统纹饰在此类饰品的造型中仍占有重要的位置，也因此吉祥文化在此类首饰中也显得格外重要。在造型中，运用东方独特的思维方式，结合相应的艺术手法，巧妙地将吉祥观念以独特的艺术语言传达出来，以达到内在和外在的真、善、美的统一。

2.4.1.3 材料、色彩中的文化意义

首饰文化展现不仅体现在造型和纹饰上，还体现在材料和色彩的运用上。材料、色彩是统一的因素，首饰中的色彩多是由材料本身的固有色所决定的，是材料自然属性的真实展现。因此在细工首饰中，对材料、色彩选择和运用时应遵循材料本身的自然属性以便实现形态的淳朴和优良，同时也应注意材料及色彩所带有的文化性以便主题表达。

（1）材料中蕴含的文化属性

在细工首饰中，对材料的运用相对固定，常为贵金属材料和宝石材料，对材料的选择一方面是由工艺适应性来决定，另一方面则是根据社会文化的需求而定。就工艺而言，首饰中对金、银材料的运用和构思，正是我国工艺文化的展现，传达出中华造物精神。在工艺制作中，工匠精神逐渐成为一种信仰和文化，其中包含古代造物思想及古代的美学观。艺人实践中，常把奇思妙想称为"匠心"，将其巧妙地运用称为"匠心独运"，并将造物活动置于普遍的宇宙运转规律中，遵照天、地、人因素的统一，实则是需遵循材料、时节、工艺、人文等因素的和谐，以达到"合以求良"的效果。细工首饰制作中，也应根据材料自身的属性、纹理、色彩等因素，选择相应的工艺、式样，如雕刻玉石饰品时，可根据玉石的材质、色彩，设计物件的式样、尺寸、种类，在玉石的雕琢中也可思考"巧色"的运用，既能将色彩运用得和谐统一，又能起到点睛之笔的作用。同时，在造物活动中，还应遵循生命运动的普遍规律，可体现在"合而为良"的审美观上。我国讲究造物呈现应"尽善尽美""形神兼备"，注重饰品的实用与审美的统一、形式与内涵的统一、装饰与文化的统一，从而达到"文质彬彬"的价值取向。因而在此类观念的影响下，细工首饰在外观、形式、功能、文化方面都达到和谐统一，展现出独特的文化特征。

另外金银材料的文化属性，也是其成为细金工艺主要材料的原因之一。中国是文化大国，注重文化要素在物中体现，其中金银、玉石文化又在传统文化中占据重要的位置，因而成为首饰呈

现的重要因素。随着自然崇拜和巫术的兴起，天、神意识越来越强烈，从人类早期就认为坚硬、密致、半透明并伴有光泽的玉石是天神的食物，具有去灾辟邪的作用。《越绝书》载"夫玉亦神物也"，"以玉事神"，因而玉常被看作祥瑞之物，并多为君子佩戴。金银材料也是如此，由于材料的特性，黄金散发着与太阳一样的光泽，常被神化，认为金、银能给人带来庇护。传说，古人以金、银做食器，可避百毒，有延年益寿的功效，此观念在山东出土的金灶上得到印证，金灶上印有"宜子孙"字样。在现代也延续着这一观念，常以金银制作子孙桶，寓意子孙兴旺（图2-38）。金银、玉石材料带有浓厚的人文主义色彩，其中含有丰富的文化信仰，据《汉书》记载帝王

图2-38　子孙桶

死后有"金缕玉衣"护体，可保金身不败。在古代民间金银等贵重材料更是触之甚少，只能以名称的形式起到对神圣材料的崇拜，如日常中常有"金科玉律""一刻千金""金枝玉叶"等词，以示对材料的尊重。

（2）色彩中蕴含的文化意义

在中国，传统工艺思想重视造物在文化思想上的教育感化作用，强调物用的感官愉快与审美的情感满足的联系，手工造物通常含有特定的寓意，这种寓意的表达不仅依靠形制、体量、纹饰、尺度等喻示伦理道德观念，有时还依靠色彩来完成。对于首饰设计而言，色彩也是非常重要的一个构成因素，它能对饰品起到装饰和点缀的作用，也能让饰品富有精神意义。首饰色彩主要依靠自身材料实现，也有的色彩是根据心理需求后天染色，并随着技术与观念的更新，细工首饰的材料、色彩范围不断扩展。首饰中色彩的应用多是根据社会文化及个人需求而定，正如山顶洞人将饰件用赤铁矿粉染成红色，带有浓厚的巫术迹象和驱邪避凶信息。红色是生命的象征，原始居民在饰件中加入色彩，饰品马上变身为护佑生命的神器，这也是色彩在人们心理上的表征作用。色彩与社会文化的发展息息相关，如前面提到的冕冠，冕板两端挂着旒，旒采用五彩丝绳穿成，且每旒由12颗五彩玉珠按照朱、白、苍、黄、玄的顺序串制而成。可见饰品中五色的运用，遵循自然

发展规律，是和谐思想的体现。五色运用影响深远，在民俗活动中也有所体现，据《风俗通》记载，端午节来临之前，将五色丝线挂于门前可避不祥。魏晋南北朝时期，五彩丝线常用于人体的佩戴，具有避邪去灾、益寿延年的作用，后来五色丝线也称"长命缕"，一直沿用到今天。

时至今日，即使在当代文明的驱动下，传统美学思想也在文化遗产中发挥着重要的作用。我国比较注重民俗活动，在农耕文化的影响下从新春的开始到一年的结束，都以不同的方式来庆祝着每一个节日的到来。如新年时，生活中到处洋溢着中国红，不仅红红灯笼高高挂起，人们穿的新衣、戴的首饰上也附上了喜庆的红色。在现代的婚姻嫁娶活动中，洁白的婚纱与无瑕的钻石饰品相配，表示爱情的纯洁；传统礼服与金色凤饰相配，展现出纹饰、材料、色彩中的吉祥寓意与对婚姻美好生活的祝福。因而，首饰色彩是细工首饰中不可或缺的文化要素。

2.4.2　首饰现代精神价值

首饰发展至今，其所蕴含的文化价值也得到了新发展，也是细工首饰当下发展的新方向。由于受到现代设计环境的影响，设计师的思想更为开放，正在形成新的艺术观念，重新审视细工首饰。以观念为主的艺术形式，将观点置于首位，首饰中的形式、材料都服务于思想观念，因而细工首饰也受到影响。在此背景下，设计师不断地思考细工首饰的现代意义，开始对原有的文化属性进行扩展，新的精神意义不断融入。细工首饰在继承传统首饰精神的基础上，将社会现象、经济技术、个体情感融入首饰内涵中，从而形成丰富的现代首饰文化体系。

注重精神的输出，强调人本思想。在细工首饰中，有部分首饰不再以传统的功能为己任，一改服务他人的本质属性，强调人本思想，注重愉悦自己、表达自己，忠实于自己的感受。此时，首饰成为一种媒介——艺术家进行自我情感表达的媒介。他们通过主题展现以及有意味的首饰形态，展现对生活的认知与思考，以首饰的形式向世人传达着个人情愫。使用这类首饰时，佩戴者会不自觉地参与到首饰情景之中，产生人与物的互动，从而达到情感共鸣。当细工首饰开始注意个人情感的表达时，设计师开始尝试新材料、新形式的探索，以便更好地完成设计表达。在对材料的探索中，多关注材料的属性特征和空间建构方式，探索材料与主题表达的关系，以及材料与社会的关联。如作品《花语系列之"忆"》，主要将金属材料与纤维材料结合，探索材料、环境、主题的内在联系。作品用废弃的牛仔布制作而成，主要展现牛仔布在制作过程中，对环境造成的影响（图2-39），以废弃布片为材料进行创作，呼吁社会关注废旧材料的再利用，从而引起人们对环境保护的关注。

图2-39 作品《花语系列之"忆"》局部 田伟玲作

　　注重人的因素，强调舒适性。人是设计的执行者，也是设计的服务对象，当代的细工首饰尤其关注人的自身感受，舒适性是重要的关注因素。由于生活节奏变快，舒适、方便成为装扮的又一标准，因而人与物的关系备受关注，舒适度和便利性成为当下首饰需要思考的因素。在对人的关注下，设计更多考虑首饰与肌体的关系，将饰品的尺寸、结构、材料都纳入佩戴要素之中。同时，设计师还根据佩戴者所出入场所的环境，提供相应的饰品类型，以达到佩戴的融入感和仪式感，真正做到设计服务于人，注重人的因素的设计理念。

　　当代首饰所具有的精神价值比较丰富，有时它是一种产品，展现着当下时尚文化；有时它是一件艺术品，展现现代某种艺术思潮；有时它还是一件工艺品，承载着中华上千年的工艺形式和思想文化；有时它只是一件小小饰品，传达着民俗风情。总之，当下首饰具有多重文化意义，已超出原有功能范畴，应以变化的视角对其重新认识。

3 当代首饰设计的
基本特征

首饰作为常见的佩戴品，从古至今一直有之，我们并不陌生。然而对于当代首饰的概念应在此做出说明，以便理解当下首饰概念的范畴，掌握当代首饰的一般特征。本书对当代首饰知识的梳理主要从两个方面进行，一是从时间的维度理解首饰的当代性含义，二是从风格意义上理解当代首饰概念。从时间维度层面，当代首饰一般指当下的首饰，亦指今天的首饰。以此角度理解，可将当代首饰理解为当下适应于现代生活方式的首饰类型。从时间概念的内在理解，可理解为具备现代精神以及现代艺术特色的首饰类型，也可理解为具有"现代性"的首饰（艺术家对现代生活环境所做出的反应），这类首饰都属于当代首饰的范畴。另一方面，从艺术风格特点理解当代首饰，一般有别于传统首饰，多指当代艺术首饰，通常指在艺术创作过程中将首饰看作艺术展现的载体，以此传达艺术家观念与情感，从而增加了首饰的表现力和精神内涵。这类风格首饰主要开始于20世纪40年代的欧洲，以德国、奥地利、英国等为中心，在认知上打破了传统首饰中首饰作为身份、财富、权力的象征意义，强调首饰的艺术性、精神性。20世纪60年代后，经过一系列的社会运动以及受到现代性思潮的影响，这一特征更为突出。此时提倡以多种材料探索首饰思想，注重首饰的观念性、实验性，以此传达首饰与时代、社会的关系。以反思、反叛的艺术精神进行对原有艺术审美的超越，提倡以开放、多元的形式实现创新，逐渐形成新的艺术观念策略来改变传统的首饰美学方式。以观念为主的艺术形式，将观点置于首位，服务其观念的形式、材料，都可纳入首饰艺术语言，因而当代艺术首饰突破了原有枷锁呈现多元化的趋势，并对首饰材料、工艺、功能以及佩戴意义进行反思和思考，开启首饰新模式。这一风格首饰极大地影响了国内学者对首饰的理解，尤其对艺术家及艺术院校的影响尤为明显。因此，当代首饰从内涵和种类上具有较强的包容性，并与当代社会思想、审美观念、经济技术等多方因素发生关系，因此首饰的内涵不断地被解构和重新定义，当代首饰具备多元要素融合的特征。

3.1
传统工艺与新科技的融合

  当代首饰形式与首饰生存的环境密不可分，尤其是当代信息技术高度发展，首饰的技术性或多或少地与当代先进的科学技术产生互动。首饰设计与呈现中，技艺是必备要素，因而技术性是首饰的最基础特征。在当下，由于生产环境、经济模式、市场模式等多方面因素的影响，传统手工作坊式的生产已无法满足当代生活的需求，因而新技术融入首饰生产是社会发展的必然，也是当代首饰的基本特征。在当下的首饰制作中，主要呈现两种途径：一是传统技艺的运用，二是新技术的融入。其中传统技艺在应用方式和方法上，也与当代思想、技术、观念进行交融以呈现新的形式。传统工艺与新技术的融合，在融合的方式上丰富多样，根据艺人的经验和当代思想、技术环境的不同而呈现出不同的形式。

3.1.1 传统技法新用

  传统金属工艺是中华民族优秀工艺，传承着经典的工匠精神和民族智慧，是我国的重要物质和精神财富，因此首饰中传统技术应用与传承具有重要的当代价值。然而面对当代多元文化语境，基于传承的技法形式和式样的饰品形态已不适合当代审美需求，传统技术在此基础上进行了相应的调整，以适应时代需求和技艺的传承。在技法的调整过程中，主要以传统技艺应用方式新尝试和工作原理下的新探索为主。

3.1.1.1 传统技艺应用方式新尝试

  传统技艺的传承多是师徒制的传承方式，其技艺的制作模式是代代相传的程式化的技艺流传，在此模式的传承下，饰品的式样和纹饰也呈现程式化现象。由于世代相传，对于饰品的式样和纹饰遵循着工艺制作的一般规律，这种规律是在师徒的传承中形成的相对稳固的制作模式，如花丝工艺中门洞丝的应用（图3-1）。门洞丝在式样形式上一直保持传统的状态，主要是由于传承中工具式样和工具使用方式的继承。门洞丝的制作方式为将两根金属针插入木棒，形成一定的距离，金属丝线在两根针之间来回往复，从而形成门洞丝的特殊纹饰。因特殊的制作方法形成固定的纹饰效果，因而传统工艺当代适应性的转变还应结合当代美的规律改进对工艺方式的运用。另外传统首饰中，在纹饰的应用规律上也是有章可循的，比如贵州地区的凤凰造型，凤头、眼睛，以及羽毛等造型都是固定的，形体的尺寸也是定量的，其中包含形态的大小和形态组成的个数和层数（图3-2）。然而程式化的纹饰以及

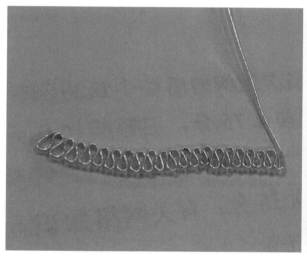

图3-1 门洞丝

图3-2 凤凰纹饰品

雷同的式样，已经不能满足当代个性化审美需求，因此当下传统技艺应在原有工艺的基础上尝试新的应用方式，以便获取新式样。在对传统技艺应用方式的探索中，一方面以传统技艺方法为基础，对新的式样、饰品形态进行探索，另一方面以传统工艺为基础与其他工艺材料结合运用。随着现代设计及现代艺术思潮的发展，人们的审美呈多元状态，但整体上讲多数崇尚简单、时尚、个性的饰品结构，因而在纹饰和首饰造型中多是运用抽象思维，运用经过提炼、归纳的简单形态。因而，以传统技艺为基础，对当代造型方式、纹饰组织方式及工艺处理方式的探索，是当代传统技艺新用的一个特点。如作品《蝶舞》（图3-3），是对传统技艺新应用的一个代表。作品在技艺上以传统的花丝工艺为基础，运用了花丝基础的工艺步骤，经过拉丝、搓丝、掐丝、填丝等工序制

图 3-3　作品《蝶舞》　田伟玲作

作而成，与传统花丝技艺形式没有太大区别。不同的是饰品形态的塑造以及对工艺构造方式的运用，以现代简洁的圆形为作品的构造结构，并以单一元素的重复运用形成统一、整体的视觉构图，以蝴蝶为点形成点与线的对比。在对传统工艺应用时，加入新材料、新工艺也是一种手段。在当代首饰设计中，思想观念的进化打破了传统首饰中的禁忌，在工艺、材料、技术等方面的运用都有新的进展，传统金属工艺中出现新的材料和工艺，一方面使首饰作品具有较好的视觉效果，易于主题的展现；另一方面有利于传统技艺形式的革新。由于新材料、工艺形式的加入，传统技艺在工艺方式及呈现的视觉形式上应与饰品的整体形态相统一，不能简单地依照传统程式化的构造方式呈现作品，因而其他材料、工艺的加入促进了传统技艺的新应用。如作品《家训》，作者在创作时，运用了电路板和白铜两种新型材料，将信息时代文化传播的媒介物与艺术思想结合，用以弘扬中国传统文化（图3-4）。

图 3-4　作品《家训》　吴二强作

3.1.1.2　工作原理下的新探索

当代首饰中对传统技艺的运用，还体现在对传统工艺原理运用的基础上工艺方式的新呈现。每一种传统金属工艺的实施都有其自身的工作原理，也可以说传统技艺的工作规律，这种原理具有恒定性、独特性，由于技术原理的差异，形成了不同的金属工艺种类。在当代的首饰设计中，对传统技艺的运用不仅是对工艺应用方式的探寻，还可以从传统技艺工作的源头进行新的尝试，以获取新的艺术形式和新的饰品形态。人的智慧是其他物种所不具备的，人在生产实践的基础上善于总结、思考，并通过对工艺本质规律的分析进行工艺的改进，从而促使人类文明的发展。当人们掌握了编织技术后，发现以泥土糊之并烧之则形成陶器，后来金属冶炼技术开发后，将陶器的制作原理运用在青铜铸造技术之中。在铸造技术中，泥范方式的运用正是受到当时制陶技术选料的影响，制陶技术中以硬质植物为内模，并内外涂抹泥土烧制，这一技术启发了青铜铸造初期采用内范和外范的工艺形式，也因而铸造技术开始了长达两千多年的"青铜时代"，也奠定了我国文明史的基础。由此可见，对工艺原理掌握和探索的重要性。金属工艺中，每一种工艺都有其工艺规律可循，以传统的铸造工艺为例进行说明。约在夏朝时，铸造技术已经开始运用，当时的制作方式以石范法为主，进入商周时期铸造工艺逐渐成熟，此时的青铜铸造已经具备一定的规模，是铸造技术发展的重要阶段，并已改石范为陶范，在此基础上又改进为失蜡铸法。在这一进程中，无论是石范法、陶范法还是失蜡浇铸法，其工作原理都是运用"模""腔"关系进行铸造。铸造技术从古至今，已有几千年的发展历史，其间工艺方式也在不断地改进，工艺的精准度不断地提高，但所运用的工艺原理却是基本相同，因而根据工艺原理对技术运用方式创新是对技艺新的方向的探索。当今，铸造技术还是以失蜡法为主，其中的"模""腔"关系多是以蜡模熔化后所形成的空腔为基础进行铸造，在此亦可以运用这种"模""腔"关系进行工艺的新尝试。如在此环节中，"模"常以蜡为模型材料并在外面包裹耐高温石膏，并经过高温将蜡脱掉从而形成腔体，在此工作原理下，可将铸造模件的蜡材换成具备相同条件的材料进行铸造，可形成不同的效果。作品《渗》，作者正是运用模腔关系的工作原理，以医用纱布为模代替原始的蜡模进行铸造。纱布在高温下能够炭化，并且纱布具备一定的厚度和体积，高温条件下能在石膏腔体内形成空腔，以完成铸造。由于铸造工艺具有复制性的工艺特征，因而作品中留有纱布的肌理痕迹，从而给作品带来独特的视觉效果以及特有的主题表达（图3-5）。在对模腔关系的工作原理进行运用时，还可以运用腔体的空间概念进行工艺应用的探索。铸造技术是建立在"容器"与"溶液"的关系上的，其中空腔为容器，金属液为溶液，当金属液倒入空腔内冷却后就形成空腔形态的物件。此处的空腔可以分为封闭式和开放式两种，因而对此工艺运用更为灵活。作品《百态人生》正是运用了"容器"与"溶液"的关系进行创作的，作者以常见的烧烤竹签制作出开放式空间作为腔体，将金属液倒入腔体中就形成了带有竹签肌理的空腔形态，这种铸造方式所形成的形体具有一定的随机性、灵活性，同时也丰富了传统铸造工艺的成形方式，增添了首饰的形式语言（图3-6）。掌握工艺原理的情况下对传统技艺进行探索，可以促进传统技术新的呈现方式，可促使传统工艺形式与当代审美的融合。

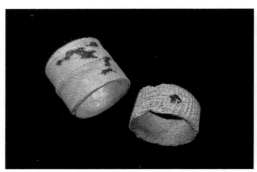

图3-5　作品《渗》　张旭作

图3-6　作品《百态人生》　薛根群作

3.1.2　高新技术融入

　　随着信息技术的高速发展，艺术、生活、科技三者之间的关联越来越密切，科技的发展不仅给人带来便利的生活方式，也给艺术带来更多的表达方式。首饰设计也不例外，在表现方式和呈现形式上都受到当代高新技术的影响。当代多元文化背景下，传统技艺的创新运用是细工首饰的重要特点，然而新技术的融入也是当下首饰设计的重要特征。细工首饰也是当代的首饰，是以当代整体生活环境为背景的饰品，因而高新技术的融入是首饰发展的必然。现代技术对首饰的影响比较广泛，并随着当代设计、生产程序化进程的发展，贯穿首饰生成的全过程。无论是设计活动实施前的信息收集，还是设计策略的实现以及后期生产制作都离不开现代技术的融入。现代首饰的生产多以"产品"形式存在，这类饰品在生产上呈批量化、标准化、复制性的特点，并要求高效、经济的生产流程，因而需要现代技术的使用（图3-7）。在当代首饰设计中，高新技术运用主要以首饰的表现和首饰制作两个方面为主。

3.1.2.1 首饰表现中的新技术

首饰表现是首饰设计的重要阶段，通过绘画的技术手段将设计效果及预想的设计式样以视觉的形式呈现，可以对作品质量进行初步判断。在现代的首饰表现技术中，主要以手绘和计算机软件运用为主，最近计算机软件绘图显得越来越重要，在绘图软件中又有平面和立体表现效果之分。首饰中二维绘图软件多以Photoshop

图3-7　产品类首饰　看见 ISEE 工作室

和Procreate为主，以相对平面的形式呈现饰品的效果。Adobe Photoshop，简称PS，是常见的图片处理软件。PS主要处理以像素构成的数字图片，也可以用于首饰的简单绘制及首饰效果的渲染（图3-8）。该软件具有众多的编修和绘图工具，可以进行形态的绘制，并具有丰富的功能，如图片的合成、复制、拉伸变形、投影等，能够较好地处理图片的各种细节，可使绘制的饰品具有色彩、立体、透视等视觉效果。因此PS在首饰设计中也较常用，可以绘制初稿，也可以对设计稿进行修复、校正等后期处理。Procreate是一款运行于IPadOS的软件，其操作简单、效果突出，常用于当下首饰设计表现，深受年轻设计师的喜爱。此款软件操作系统相对简单，易学易懂，实现手、脑、机的连接，可以以手绘的形式直接绘制于屏幕之上，使用灵活，可使人的创意灵感随时、随地发挥。软件具备素描、填色、设计等艺术功能，使设计表现效果突出，有利于饰品中色彩、

图3-8　渲染效果图

质感、造型等要素的表现，并且可以保留绘画的路径痕迹，可对首饰形态进行反复推敲。如作品《花语—合》，该作品就是用Procreate软件绘制而成的，其作品的效果如铅笔素描的效果，就如在纸上面随意擦拭修改，有手绘的痕迹（图3-9）。

在现代表现技术中，上述两款软件主要以饰品效果图的展示为主，但不能用于实际的生产。在当下，设计师可以运用三维绘图软件进行

图3-9　作品《花语 — 合》

设计表达，不仅可以从各个方位审视首饰的效果，还可以数字输出，运用3D打印技术直接进行生产。在当代的首饰设计中，可用的三维建模软件的类型也比较丰富，当前常用的首饰3D建模软件有Jewel CAD、Rhino、Zbrush等，这类软件所呈现出的视觉效果相对逼真、清晰，能从各个视角观察饰品的效果。在首饰行业中，常用此类软件进行造型并直接输出，从而缩短了饰品的生产周期。Jewel CAD是专门用于珠宝首饰建模的软件，其功能丰富，多是根据首饰建图的需要专门设计，材料包中有适用于首饰造型的各种工艺和素材，如镶嵌工艺各种镶嵌方式及各类的宝石材料，且操作简单易学，因而是业界首选的软件。Rhino、Zbrush等3D造型软件应用广泛，可以应用于三维动画，也可用于工业制作，更能用于首饰建模，这类软件拥有强大的功能和直观的工作流程，能清晰地展现三维构造结构，并能输出精致的模型，因而也受到首饰设计师的喜爱，如作品《润语》，就是采用Zbrush软件建模而成（图3-10）。

图3-10　作品《润语》　田伟玲作

3.1.2.2　首饰制作工艺中新技术

新技术的使用也是当代细工首饰的重要表现特征。当前技术背景下，首饰中新技术的使用，主要来自两个方面，一是首饰制作中的新工艺手段的应用，二是数字技术对首饰制作的影响。由于受到现代技术的影响，在首饰制作工具、设备的应用方面有别于传统工艺，从而形成了新的表现形式。在现代首饰工艺中，用于首饰制作的现代技术一般有电镀技术、冲压工艺、喷砂技术等。电镀技术主要是运用电解作用，在金属表面附着一层金属膜，以此可以改变饰品的颜色，亦可以对原本饰品的金属起到防止氧化、提高耐磨性的作用，也是现代首饰中常用的技术。作品《态势》，就是运用电镀技术，将金属表面处理成需要的色彩（图3-11）。冲压工艺，多是用于首饰造型的现代工艺技术，是建立在金属板材具有一定的延展性和可塑性的基础上，并运用阴模、阳模及冲压设备，对金属材料施加压力而形成具有模具形态的饰品。在首饰冲压技术中，模具多是采用钢材制作，并根据模型的类型，可冲压出浅浮雕的形式以及相对立体的造型。冲压工艺由于是模具成型，因而适用于饰品的批量化生产，是一种高效且耗料少的生产方式。喷砂工艺，是改变饰品表面效果的工艺手段，主要运用磨料在金属表面摩擦，在金属表面形成细小的肌理效果。这类效果与抛光、电镀使金属表面光亮形成鲜明对比，可以形成不同的表面处理效果。在当代首饰制作中，除去上述的几种工艺外，还有其他一些工艺也常运用到首饰制作中，如机链工艺、压花工艺、车花工艺等，都是运用现代技术对首饰造型的手段。

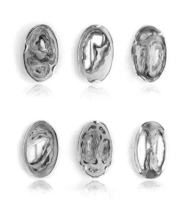

图 3-11　作品《态势》　华石作

　　在当代首饰制作中，数字技术的介入凸显了高新技术的应用。在首饰表现技术中也介绍到，Jewel CAD、Rhino、Zbrush 等 3D 造型软件不仅能呈现立体的视觉效果，还能直接进行 3D 打印输出饰品。随着数字技术的发展，超精密的 3D 打印技术在首饰设计中得到广泛的应用，实现了从绘图到三维实体空间的转换，也实现了思维的解放，可最大限度地发挥自己的想象。在现代的首饰制作中，数字技术与首饰的结合，多源于对铸造工艺的运用。首饰中 3D 建模打印，多是对蜡材的使用，打印成蜡模，并根据铸造工艺将蜡模铸造成金属饰品。在现代首饰技术中，数字技术之所以得到广泛运用，主要由于数字技术适用于当前的市场机制和其独特的造型方式。数字技术在设计中的优势主要表现在以下几个方面。一是，3D 打印技术制作效率更高，制作更为精细。设计智能化的介入，可使设计思维与数字信息相连，转换成直接的产业链，在此过程中省略了部分手工制作的程序，可节约时间、人力、物力，从而简化制作过程（图3-12）。二是，3D 数字技术可以建造精密、复杂的空间结构。设计师通过 3D 软件，可将设计形象更为准确化、精确化，并能运用丰富的功能体系，能有效地将复杂的三维立体空间有序地展现出来，从而丰富了首饰的造

图 3-12　3D 打印作品《映荷》　毛楚楚作

型。对更新换代较快的时尚首饰而言，这一特点是传统工艺技术所难比拟的。三是，3D数字技术提高了材料的运用率，并能实现多材料的应用。通过数字技术，可以省略手工制作阶段，通过数字计算可将材料最大化地合理运用，从而大幅度地提高了材料的运用效率，实现环境保护。同时数字技术还可实现个性化设计的需求，也可实现产品的批量化生产，并能根据设计需求打印出塑料、陶瓷、玻璃等多种材料类型，因而数字技术越来越受到设计师的关注。

3.2
材料的应用创新

随着时代进步及思想观念革新，首饰的价值观念也在不断地发生变化，尤其是受到现代设计思想的影响，人们不断地将主体的意识、观念，以及对社会的关注等因素注入首饰之中。首饰的类型、种类、风格不断发生变化，其中不乏对新思想应用的首饰类型，以及对于个性化、时尚化的饰品需求，从而也引起了对材料的扩展。材料是首饰设计进行的前提，是设计传达的媒介，首饰的发展带动着对材料的认知。在首饰的各种变化中，材料作为首饰实现的载体开始了新的实验，以此来探索首饰的当代精神。在当代多元文化的影响下，首饰材料应用范围逐步扩大，既有对传统材料的沿用和新思，也有对新材料的实验和尝试。当下首饰设计中，对材料的应用一般从材料的物理属性和功能属性出发，探索材料的应用方式，从而弱化了首饰原本的功能意义。

3.2.1 传统材料新用

在过往的经验中，谈及首饰我们想到最多的就是珠宝、金银饰品，传统首饰材料往往以昂贵、稀少的材料为主，赋予财富和地位的象征。传统首饰材料不仅具有保值和彰显地位的功能，还具有一定的装饰功能，装饰性和保值性是传统首饰的重要功能。人们对首饰的热爱一方面来自首饰对身体的装饰作用，另一方面来自贵重材料所带来的价值感受，这种感受有发自内心的欣赏，也有来自别人对美好事物的羡慕，从而引发佩戴者的心理愉悦与满足感。当下，首饰类型丰富多样、包罗万象，部分传统材料制成的首饰仍然延续着原有的意义，也有部分首饰改变了原有的功能，首饰不再体现在材料的昂贵以及形式美上，而是更加注重主体意识的精神表达。至此首饰不再是单一的装饰品，而是思想传达的媒介以及艺术展现的手段。首饰设计师可根据个人的关注及社会发展现状，将个人的价值观念及对社会引发的思考倾注于首饰之中，并通过佩戴行为达到共情，以此传达设计思想。金银、宝石在当代首饰中所传达的不只是财富和地位的象征，其装饰性的重心也有所偏移，更侧重于作为思想艺术的精神载体。因此，细工首饰设计开始由最初的注重材料本身价值转向注重艺术价值，同时首饰价值观念也在悄然改变，由重材料价值转换到重设计价值。至此，传统材料成为一种设计语言，成为艺术情感和信息载体的媒介。当代首饰从传统的价值观念中解放出来，不再关注材料原有的价值体系，而更多地关注材料的本身属性，并重新审视金银、珠宝材料的价值，探寻现代文化背景下传统材料语言特征。在当代首饰语境中，传统材料打破了材料自身价值所带来的价值导向，开始转向材料与艺术、材料与思想的对话，正如首饰艺术家卡尔·弗里茨所表述的，他不在意价格昂贵的金、银、钻石还是原石，对他来讲这些材料只是创作素材，就如画笔和颜料一般。对于金银、珠宝，卡尔·弗里茨忽略了它们的经济价值，看重的是材料的色彩、肌理、物理性质等所带来的艺术价值。艺术家与材料的对话，让材料自身属性价值发挥出来，材料自身属性是材料美学价值的源泉，也是设计创作的根本。正如首饰艺术家郭新，她大胆地将传统贵金属材料与普通材料相结合，将材料美与主题美达到完美统一。作品《蜕变系列#6》，主要运用银与玻璃为材料进行创作，细金技艺下优美柔和的银白与黑色玻璃材质形成鲜明的对比，将蓄势待发的羽翼与主题蜕变紧密相连，形成了色彩的对话，也传达出羽翼包裹下的内在力量的储备（图3-13）。

图3-13 作品《蜕变系列 #6》 郭新作

在当代首饰中，对于贵重材料的应用路径比较宽泛，在沿用材料的传统价值观念的同时，新的价值意义不断融入。因而在现代设计中，对此类材料应用时，应放在具体的语境中去思考，不能一概而论。在对传统材料探索时，应解放思想，打破原有价值观念的局限，将视点放在材料自身价值体系上，实现传统材料的新的价值意义。

3.2.2　新材料与思想融合

材料是首饰意义传达的媒介，在当下的首饰中，对于材料范围没有具体的界限，除去传统材料外还有一些其他材料正积极地融入其中。随着人类精神的解放以及自我意识的觉醒，首饰的精神意义远比材料本身所带来的价值更为重要，因此在当下，首饰材料异常丰富，除去传统的金、银、宝石材料外，其他新型的材料也不断涌现。对新材料的实验和运用，是当代首饰的一项基本特征，也为当代首饰发展带来广阔的空间。根据社会的不同需求，设计师可随心所欲地发挥设计职能，无须过多地考虑材料价值的束缚，因而日常中的各种材料都可能出现在首饰中。

日常材料与人们的生活息息相关，也在生活中与人产生着深厚的感情。在对日常材料应用时，既可以从材料与情感的关联方面进行创作，也可以对常用材料形态进行重塑。无论是哪种运用方式，日常材料进入首饰领域都给首饰设计带来了活力，也带来多重文化意义。由于日常材料的加入，打破了贵重金属材料为主的局面，使得饰品更具有生活性。首饰不再只是昂贵的奢侈品，它变得触手可及、平易近人，实现了艺术的大众审美需求。生活中的日常材料较多，它们成形便利、特点突出，比较容易融入首饰之中。当下，常见的日常材料主要有以下几种。

陶瓷，这类材料由来已久，是人类第一次征服自然的印证，是中华文明的重要组成部分。近年来，陶瓷材料常出现在首饰中，为首饰增添了不同色彩。陶瓷具有很好的可塑性，可根据需要呈现各种造型，这类材料具有丰富的成形手段，如可捏、可拉、可盘、可翻模、可印模等。陶瓷还有丰富的色彩，随着釉料的变化，可烧制成各种色彩，可将饰品表现得栩栩如生。作品《虚·影》采用了细金技术与陶瓷技术的结合，运用陶瓷烧制技术将花苞塑造得惟妙惟肖，将素色的银和嫩粉色陶瓷进行结合，展现出作品的优美与清新，给观赏者带来新的视觉体验（图3-14）。

图3-14　作品《虚·影》　宁晓丽作

塑料，是由合成树脂及填料、增塑剂、润滑剂、稳定剂、色料等添加剂组成的，是一种高分子化合物，具有较好的可塑性。塑料具有轻便、绝缘、耐腐蚀、易成形等特点，在日常生活中随处可见，对它的使用改变着我们的生活状态，如购物袋、包装盒、杯子、餐具、灯具、建筑装饰等。不仅如此，塑料还具有丰富的色彩和其他特征，如有的轻薄至极，有的坚韧无比，有的柔软细腻，既可片状成形，也可块状成形，亦可线状成形，为首饰设计表现提供了多种可能。其形状、色彩、质感都具多样性，为首饰情感表达提供了不同的途径。近年来，塑料产品无处不在，也造成了不可忽略的环境问题，设计中对此材料的运用也可引发社会对环境的关注。作品《景》就是以塑料为主要材料，并结合银、珍珠等材料制作而成的，用于阐述艺术家对生活的感悟（图3-15）。

图3-15　作品《景》　许嘉樱作

纸，是由植物纤维制成的薄片，是一种环保材料。造纸术是中国四大发明之一，纸承载着人类历史重要的文明，人类对纸有独特的感性，尤其是在拥有书法文化的中国，纸承载着书写家的艺术与修养。纸文化随着社会的发展不断丰满，逐步从书写发展到生活的各个方面，如包装、装饰、家具、家居用品等，同时也扩展到首饰领域。另外纸的品种较多，有宣纸、打印纸、瓦楞纸、牛皮纸、卡纸、复写纸、玻璃纸等，为首饰创作提供丰富的材料类型。生活中，纸的形态多样，有片状、块状、条状、纸浆，根据纸的类型及成形方式，可结合首饰所带有的情感进行创作。如作品《墨宝》，作者以宣纸为材料，通过宣纸的特点及用途，主要呈现传统笔墨文化给当代生活带来的精神意义（图3-16）。

图3-16　作品《墨宝》　徐仪廷作

纤维，是生活中的重要材料。衣、食、住、行是生活中的必要活动，其中衣的材料来源主要是纤维，纤维给我们带来了舒适、方便的生活方式，也给我们带来独特的情感。纤维的种类很多，总的分为天然纤维、化学纤维。天然纤维是自然中存在的纤维，主要有植物纤维、动物纤维、矿物纤维等形式，它们之间有着本质的区别与联系。植物纤维是指从植物中提取的纤维，包括种子纤维、韧皮纤维、叶纤维、果子纤维等，其中最常用的是种子纤维，如棉花。棉花是我们日常生活中最常见的纤维材料，运用广泛，并能与现代织造技术结合织造出品种丰富的布料。与棉花相近的纤维材料还有麻纤维、竹纤维，它们都属于韧皮纤维，在生活中较为常见。植物纤维整体呈舒适、柔软的特点，主要以线、面的形式存在，给人以亲切感。动物纤维，主要是从动物毛发和昆虫的分泌物中得到的纤维，如羊毛、兔毛、骆驼毛、蚕丝等。动物纤维一般较为柔软、丝滑且具有光泽，染色后较为艳丽。矿物纤维是从矿物岩中提炼出的纤维，其成分主要是各种氧化物，柔软度不及动植物纤维。化学纤维，主要是经化学处理加工而成的纤维材料。可以从大豆、木材、甘蔗以及石油、煤、石灰石、碳聚集物等材料中提取原料，经过化学加工而制成纤维，其又分为人造纤维、合成纤维、无机纤维。纤维是生活中必要的物资储备，人与纤维之间的情感比较丰富，有依恋、安全、温暖……设计师可根据需要运用这类材料表达相应的主题。

随着首饰内涵和外延的发展，固有物体材料也逐步进入了首饰材料的范畴。在不同的艺术创作方式进程中，固有物体材料以独特的含义和形象触动着艺术家的内心，传达着当代首饰精神。生活中固有物体材料很多，如铅笔、尺子、鞋带、拉链、肥皂、玩具、光盘等，这类材料成就舒适、丰富的生活方式，并具有切实的用途，使它们具有了一定的意义。另外，固有物体材料，顾名思义它们都是固有物品，最为直接的功能是对现代生活的有用性，也因此它们具有一定的生命周期，生命周期过后它们就失去了原有的存在价值，也面临着废弃之后的处理。因而对于这类材料，设计师的情感是复杂的，可以从材料已有本质属性思考创作的角度，也可以从材料的基本形式、色彩、质感等角度切入进行设计思考，完成设计使命。无论出于哪种考量，这类材料都在首饰中发挥着独特的作用，从各个角度阐述着人与物的关系。在首饰中，常见的固有物体材料主要有以下几种。

尺子，是生活中的量具，有着悠久的历史，主要用于测量距离或尺寸。尺子上刻有刻度，有米、厘米、毫米等测量单位，每一单位的晋升和换算都有严格的规律，这与中国独有的规约文化有一定的相近性，因而在创作中尺子也用作比喻，用以对人的行为的规范与制约。在此类的创作中，主要运用了尺子内在的本质功能与社会的行为准则之间的联系进行创作，以隐喻的手法传达设计观点。日常生活中，尺子的类型很多，一般有钢尺、木尺、学生尺、卷尺等，它们有着不同的用途和外形，就单纯的材料而言也给首饰带来新的视觉体验。

拉链，是生活中必要的配件，常用于衣服、箱包、鞋、文具袋等，方便着人的生活。拉链的出现，在某些领域代替了纽扣的功能，使用较为便利，使两片材料的结合更为紧密、有序。现代生产技术下，拉链的式样较多，其基本的结构主要由齿牙、牙边、拉头组成，拉链可根据材料、色彩、形制的不同有着微妙的差别。另外，拉链的齿牙可由铜、银、合金、塑料等多种材料制成，因而能带来不同的质感。在首饰设计中，可根据齿牙的规律排列，拉链的色彩关系以及拉链的开合功能来激发创作，完成设计表达。梵克雅宝有一款拉链式项链，饰品结构主要来源于拉链，采用贵金属和宝石材料制作而成，拉链打开时为一款项饰，拉链拉起后为手镯，形式独特、工艺精准，为饰品中的珍品。

鞋带，顾名思义是捆绑鞋的带子，也是鞋子的装饰品。鞋带的类型丰富，有实心扁带、实心圆带、空心扁带、空心圆带、椭圆带、三角带、花边带等多种。由于多半是纤维材料制成，其色彩特别丰富，从而给首饰创作带来灵感。

肥皂，是生活日用品之一，用于人体或衣物的清洁，其成分中含有高级脂肪酸盐、松香、硅酸钠、香料等。肥皂成块状，色彩根据色剂的不同而不同，与其他材料不同的是它有着淡淡的清香。气味开启了首饰创作的新篇章，一般情况下首饰呈现多以视觉感受为主，以味觉为主导进行创作是对新领域的探索。另外，肥皂具有较好的可塑性，也为首饰形态的探索增添了丰富性。

3.3
设计观点的表达

在当代首饰中，新功能及新观念的植入是一项重要的特征。艺术主流的革新逐步对首饰产生了影响，设计史中经历了多起艺术运动，如新艺术运动、后现代主义运动以及现代艺术运动，它们都丰富了首饰艺术语言。在艺术思潮的影响下，首饰不再单纯是作用于身体的装饰品，而是逐渐演化成思想的载体。当下，艺术思想比较丰富，社会需求层次分明，首饰发展呈多元风格。由于思想的解放，人们对首饰的关注不再局限于财富、地位以及吉祥寓意等方面，开始关注与人相关的一切活动，甚至是社会现象、生态环境以及个体情感等。新时代社会背景下，首饰逐渐成为思想的媒介，成为艺术观点表达的载体，既包含社会群体意识，也包含个体精神诉求。

3.3.1　新形式与新功能的融入

首饰，最初指佩戴于头部的装饰物，后又延伸到耳饰、戒指、头面等，多由贵金属材料和宝石材料制作而成。时至今天，首饰概念在内涵和外延上都异常丰富，也促使了首饰功能体系的不断扩展。在传统首饰观念中，人与首饰的关系多为依附关系，常是首饰依附于人，为人服务，用于装饰人体。在现代，首饰与人的关系逐渐微妙，依然存在这种依附关系，但谁是关系的主体却很难分清。人是首饰的创作者和使用者，首饰作为艺术媒介，其所具有的精神性、独立性日益增强，人与首饰的关系越来越密切，首饰的内涵和形式也已悄然在变。

3.3.1.1　从定向的单一功能转向功能综合体

初期，传统首饰主要以政策导向和主流思想为依据展开功能体系建设。在阶级社会时期，社会文化多是用于维系政权统治与稳固，倡导权威的神圣与不可侵犯。因而古代首饰的功能多与维护社会稳固相关，服务于各类社会文化，成为分辨等级、财富、地位的标准物之一。在传统首饰体系中，以严格的服饰制度强化阶级意识，以美好吉祥的文化稳固民心，以昂贵的首饰材料和精致的技艺彰显财富实力。然而随着人性的解放，思想自由，传统的首饰功能逐渐削弱，而代表当下文化、经济模式、审美特征的功能体系不断凸显。当下，部分首饰依然继承了财富、装饰、信物等功能，但也有部分首饰在生活中发挥着其他作用，如作为艺术表达的形式，逐渐成为精神载体和艺术媒介，其佩戴的装饰意义就显得不再那么重要。此时，首饰就具有了精神性，这种精神意义可能来自社会现象下的启示，也可能来自个人情感的触动，或是对某种艺术形式的反映。在科学技术发展的今天，首饰不仅是文化产物，亦是技术产物，逐步成为当代技术的代言，向世人阐释着技术文明的发展程度。在当代的先进技术体系中，高新技术的运用成为当代首饰的一个特征，无论是数字技术、3D打印技术，还是AR技术都用于首饰设计中。基于设计实验，对技术的开发还体现在对材料、工艺的研究方面，探索工艺、材料的新形式和开发的新方向。另外，首饰不仅是现代技术的载体，起到一定的技术传承功能，还可以根据活跃的思维和大胆的想象探索未来技术形式。随着日常佩戴与社会需求的紧密相连，丰富的文化现象及复杂的经济体系，使得首饰不断地变换角色，有时代表着某一群体的审美需求，完成个性化设计；有时代表着文化趋势，走入体验设计；有时作为市场产品，走进服务设计。在当代的首饰功能体系中，单一、定向的功能形式已不适合当下需求，综合、多元的功能体系正在完善。

3.3.1.2　价值观念多元化的转化

社会文化、经济模式的发展不仅对首饰功能造成影响，也使首饰价值体系做出改变。传统首饰中，首饰所展现的价值主要集中在材料价值、工艺价值、文化寓意价值上，其中材料价值最为重要。因为在传统首饰概念中，提到首饰往往联想到金银珠宝，至今这一观念还在延续，在一定程度上材料决定着首饰的价值，也因此保值性、财富功能是首饰的一贯功能。传统首饰多是由细金工艺制作而成，在形式上深受中式审美和吉祥观念的影响，因而技艺承载功能和文化寓意价值也比较突出。然而，由于经济方式和社会文化的影响，当代的设计师对于首饰的关注不再局限于材料及工艺价值上，常将材料看作首饰创作的素材，不再过多地关注材料自身的价值。因而对当代首饰的评价，不再只限于对工艺、材料、文化等方面的价值分析，还体现在艺术形式、设计观念等多元的价值方面。首饰作为艺术表达的手段，具备艺术价值，承载着艺术家的审美方式、文化思想和艺术观念。首饰作为艺术品，其艺术价值的高低与首饰风格特征、主题思想、艺术语言的运用有着较大关系，因此在艺术价值实现的过程中，也展现出时代风貌和个体化价值观点。首饰存在的形式很多，作为商品具有产业生产机制，具有一定的经济价值。当代首饰产品与传统首饰的商品不同，由于现代技术的介入，在生产方式上多为批量化生产，同类产品下的首饰在形式、款式、审美、价值上具有相同性，同时由于生产快且材料利用合理，从而使这类产品价格不高。首饰产品产业化，一方面价格降低，能让更多的人承担起对饰品的购买能力，满足大众审美需求，提高民众的美的意识；另一方面，饰品的产业化促进了首饰与其他产业互动，促使多元文化融合，从而也促进了对中华优秀文化的继承。新时代首饰价值的实现已随时代的需求、环境的变化不断地调整，以新的功能、面貌、特征适应于当代各种需求，因而新时代下首饰价值观念是多元的、开放的。

3.3.1.3 新形式的融入

设计是人根据目标需求进行的一项有意义的活动，因而设计需要设计语言完成对目标需求的实现，其中形式语言尤为重要，首饰设计亦是如此。当代首饰，随着种类的增多以及设计思想的多元化，首饰形式语言也不断地丰富，新形式成为当代首饰的一项特征。随着首饰生产机制的变化，首饰产品的生产开始由传统的手工制作转向机械生产机制，在此过程中首饰的形式也受到不同程度的影响。主要表现在，一方面批量化的生产和机械加工在形体上多以简单形体为主，因此主要以抽象的几何形态和结构简单的自然形态居多；另一方面由于先进技术的介入，如数字建模、3D打印等，使首饰形态逐渐向复杂立体的结构方式发展，与传统的趋于扁平的首饰形态形成鲜明的对比。作品《花语—彩》，主要运用数字技术制作完成，运用建模软件建造花片的外形结构，经过3D技术打印成形，再结合手工填丝和珐琅工艺制作完成，从而达到相对整洁、立体的首饰形态（图3-17）。随着首饰与人关系的微妙变化以及受当代设计思潮的影响，首饰在技艺、材料等方面的运用上发生着各种变化，因而也影响着首饰形态的呈现。在当代首饰艺术中，艺术家将首饰看作思想的载体，以恰当的形式来展现个人的观念，并将个人的审美诉求与设计形式相连，从而呈现出丰富的现代首饰造型。有时首饰艺术家直接参与创作，并将个人的创作思想和艺术造型理论用于首饰造型，从而使抽象主义、立体主义、构成主义、解

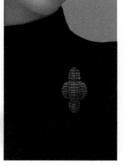

图3-17　作品《花语—彩》　田伟玲作

构主义等艺术风格也融入其中，丰富着首饰形式语言。另外，在当代首饰价值观念中，设计对材料的关注已从材料自身的价值扩展到材料属性，以及材料与主题诉求、工艺技术的关系方面，对材料、工艺的探索，也意味着对首饰式样的探索。面对多元化首饰状态，首饰形式更是丰富多彩，随着思想、技术、社会文化的发展，首饰不断地以新的语言方式诠释着时代变化。

3.3.2　自主情感表达与意义

首饰是一种介质，联系着人的精神和身体，其外在的形式往往由人的思想凝练而成，并通过躯体的佩戴将内在的意义展示出来。首饰具有情感性，并且一直有之，只是在传统首饰中多关注于其普遍性情感，如对美好生活期望的吉祥寓意以及代表身份的财富象征，较少表达个人的自身精神需求。当代，随着思想解放及各种思潮的影响，人本意识加强，人对外界的关注逐渐多元、开放，因而也造就了丰富多彩的首饰情感。正如前文中所讲，在当代首饰的概念范畴中包含当代艺术首饰，这类首饰正是在文化艺术、思想观念下形成的首饰类型，带有明显的思想性特征，常以首饰为媒介传达出艺术家的思想情感和时代精神。在艺术表达中，首饰艺术家关注的不仅有个体情感，还有与人息息相关的时代问题和现象，因而当代首饰具有情感表达的思想意义。艺术首饰中，人是创作的主体，也是饰品佩戴的客体，在佩戴之间传达着生活与艺术的关系，承载着创作主题中由内而外的情感诉说、社会解读等多重思想意义。因而在现代的首饰中，人是不可忽视的重要因素，作为创作主体不断地向外界阐述着个人的故事；作为佩戴的客体，用身体接收着来自首饰的信息，完成着饰品与身体的互动。然而人又是复杂的，作为个体人具有完整的人格，拥有对外界的不同感受，也有内心情愫的宣泄；作为群体中的社会人，人的情感与社会文化、社会环境有着密切的联系，社会的一切动向都有可能激发人对首饰的创作。因此，在当代首饰中所蕴含的情感是丰富的、多样的，应给予全面的理解与诠释，准确地解读首饰价值和意义。

（1）个体情感表达

首饰是个体情感表达的媒介。个体概念是相对于群体而言的，主要是指能够独立设定对象的单个生物体，也指在社会关系中与其他个体有区别的生命个体。个体情感则主要指个体具有的意识，是对外界事物具有的观点、认知、思想、情感等意识的总和，也是个体对社会环境、生活关系以及个人社会状态所做出的反应。因而首饰中所承载的个人情感，多是艺术家独立人格的反映，也是人所具有的完整的情感表达。人的思想是复杂的，在生长中会有各种的情感，生活中的喜怒哀乐，成长中的美好时刻，都会不间断地渗入人的内心深处滋养着我们的灵魂，使我们具有丰富的精神世界。当心灵得到充足滋养时，就会激发我们表达的欲望，将所感、所看记录下来，成为精神外化的具象，并可以通过语言、文字、图画、音乐、影片等媒介形式宣泄个人情感。首饰也是艺术表达的媒介之一，其所具有的感性与其他艺术形式相同，都是艺术家通过有形的、具体的符号传达内心深处的感知。首饰作为可佩戴艺术品，一直以来都与身体发生着紧密的关系，通过设计、佩戴、传达等过程将艺术家与佩戴者的思想关联起来，并引起情感共鸣。首饰中个体情感的形式是丰富的，作为个体的人，其情感多是来自对外界做出的反应，可以是来自人的生理感官，从视觉、嗅觉、触觉、味觉等感官系统对外界做出反应，以此传递着身体对外界的感受。在人的感官中，疼痛是身体对外界刺激做出的敏锐反应，有的艺术家以身体的痛感为创作基础进行设计表达。疼痛在人体中的反应是多方面的，可能是外界对身体的伤害，也可能是由内在精神的损伤所引发的痛感，总之艺术家通过感官与灵魂进行交流，将感官的记忆用艺术的形式传达出来。首饰艺术常通过对首饰的佩戴，完成艺术家与佩戴者之间的情感沟通，将个体情绪通过首饰分享于其他个体，促进人与人之间的交流与共情。首饰中对生理感受的表达，是人对外界做出的最直接、最真实的反应，通过身体感受可直达内心深处，也使得首饰表达更具深层意义。此外，首饰中个体情感的传达是多元的，不仅有来自个体的身体反应，也有来自心理的反应。在对设计进行选题时，可以取材于制作材料、技艺、色彩本身所具有的意义，也可以是当今社会环境给个体带来的思考与认识，还可以是自然风景对个体的启发。作品《永恒的记忆》，作者以儿时玩具为素材进行设计创作，将儿时游戏场景与老人的互动展现在首饰形体之中，传达出浓厚的思念之情（图3-18）。个体情感的表达，是个体对外界社会的文化现象、艺术形式、时代精神等做出的思考与反应，是对当下整体环境的认知，在一定的程度上促进了人与人的交流。

（2）群体情感表达

群体情感，也是首饰传递的重要思想。当代首饰不仅是个体情感传达的媒介，还是群体思想实现的载体。群体因个体而论，是个体的集合体，指由两个或两个以上的个体按照某种关系而结合起来形成一定关系的集合体。通常情况下，群体也称为社群，多指同类人的聚集，他们拥有相同的认同感、归属感及价值观，并具有一定的组织结构和行为规范，构成相互依赖、合作关系。群体意识则是一定的集体对他们所处的生活环境及物质生活做出的反应，与个体意识不同，具有认识的普遍性。首饰中群体情感是建立在群体意识的基础上的，多以群体为单位表达对外界事物的反应。群体种类及类型很多，有大的群体，也有小的群体；有以文化结构聚集的群体，也有以地域种族而成的群体。首饰中所反映的群体情感是丰富的，具有对社会现象的普遍性认识，也可能是对某一具体事件或行为的特定感受。在情感的传达中，不仅可以反映群体中已具备的情感，也可以反映群体中所未实现的愿望，还可以反映群体的意识观点。因而，在当代首饰中所传达的群体情感既有对当代生活的热爱，也有对当下生活方式的思考，还有对社会动向以及文化艺术的反映。总之，这类情感具有群体普遍性的特点，是群体意识对生活本质的思考，也是群体意识对生活的需求。在此类情感的影响下，当代首饰的关注点涉及社会的各个方面，包含着与人相关的一切关系，如环境意识、传统文化、道德价值、生态保护、高新技术、未来畅想等，与之相关的主题首饰也层出不穷。近期，人们增强对自然环境的关注，并意识到人与自然环境中的一切都存在内在的关联，并处在一个命运共同体之中，因而与之相关的"共生""和谐"主题饰品应运而生，阐述着作者的思考与认知。如作品《花语系列之"繁"》，以"以合为美"设计主题开展创作构思，在创作中紧紧围绕"合美"的主题思想，通过相同纹饰元素按照严格的尺寸规律性排列，达到整体形态的统一和谐（图3-19）。作品以形体的规律、节制的结构方式表达合美主题，以此传达出时代环境下人的行为亦是如此，尺寸分分寸，合而共生，反之则不美。首饰中对群体情感的挖掘，有利于人作为群体中的个体，深入思考与人相关的一切事物的本质关系，从而促进人与社会、自然环境的和谐，对于促进和谐发展观的建立有着重要的意义。另外，群体情感的发现与传达，可促进群体意识的反思及人的自我批判，在反思与批判中正视人与人、人与物、物与物的关系，有利于促进社会文明的发展。

图 3-18　作品《永恒的记忆》　贾利作

图 3-19　作品《花语系列之"繁"》　田伟玲作

4

金银细工首饰
当代性特征

金银细工首饰是以细金工艺为依托的首饰类型，其最大的特征在于工艺的精细度，进一步讲金银细工首饰最重要的构成要素在于其工艺性。金银细工是中华优秀的传统工艺，一般具有历史悠久、工艺精湛、传承创新、手工制作的特征，是中华文明的重要组成部分，凝结了中华上下几千年的文化和智慧，对当代设计具有重要的意义。随着社会文化及科学技术的发展，首饰在技术、文化、式样方面呈现多元发展状态，金银细工首饰也具有现代社会的适应性，具有当代性特征。金银细工首饰，随着社会的发展经历了悠久的历史传承与积淀，也经历了历史沿革和当代演进，无论在其工艺性还是审美方式上都具有现代性的特征。正如费孝通先生所提出的，接受现代化过程是现代人类面临的共同命运。传统细金首饰也是如此，其正积极挖掘自身的当代性品质，以更好地适应当代生活方式。另外，传统艺术形式是中华文明重要组成部分，含有中式文化精髓，其文化思想、价值观念等优秀的文化品质符合当代民族生活需求，因而其艺术本质具有当代存在的合理性。并且，随着社会文化的多元化，人们认知存在差异，也就对生活方式、物资条件、文化信仰有不同的需求，因而也需要不同的首饰类型满足多元需求方向。

　　金银细工首饰的当代性特征，主要指细工首饰的当代适应性，也是指细工首饰对当代生活的有用性，适合于当代的生活方式和社会需求。本书主要从细工首饰特征和当代生活需求两个角度，阐述细工首饰所具有的当代价值和现代品格。

4.1
材料技艺与传承

　　细工首饰经过漫长的发展，其所用的材料和技艺之所以经久不衰，有其自身属性的特点，也有时代社会发展的需求。在此，从金银细工首饰材料、技艺两个方面分析细工首饰的当代性。

4.1.1 材料的适宜性

金银材料是细工首饰的主要材料，也是中国首饰的重要材料，这类材料在当今首饰创作中依然具有重要的价值，具有较强的当代性特征。虽然随着设计思潮的影响，首饰材料的使用逐渐跨越传统审美的界限，各类材料开始出现在首饰之中，但不可否认的是金银材料依然在首饰材料中占据重要的位置，其具有当代适用性特点。金银材料的当代适应性，在一定的程度上促使了细工首饰的当代适应性，主要表现在金银材料的自然属性和社会属性与当代需求的吻合方面。金银材料具有良好的自然属性，促使它成为首饰的绝佳材料，即使经历了多次时代更替依然是首饰材料最好的选择，主要源于金银具有较好的色泽和可塑性的特征。金银材料具有美丽的金属光泽，如金色、银白色，其色泽淳朴、优美，深受现代人的喜爱，也促使金银首饰的流行。当代人对材料的追求、对色彩的向往不在于其过往，而在于它自身具有的美感与现代审美相符，正因如此金银饰品一直占据首饰的主流。另外，金属材料拥有较好的可塑性，以至于到今天金银都是首饰中的重要材料。金银材料具有良好的延性和展性，可使其适合首饰的各类工艺和制作，并易于成形。另外，金银材料不仅具有较好的柔韧性，还具有相对的稳定性和抗压性，能够长久地保持原有造型不易变形，因而在首饰材料中金属材料成为一种必然，即使有其他材料的融入，也离不开以这类材料为框架进行支撑。

金银材料虽然是首饰中的传统材料，但在当代由于艺术思想的影响，设计师对材料的认知和应用不再局限于传统的艺术形式，而是在传统的基础上对应用方式进行新的扩展。因而，金银材料的现代性在于对传统的深化和创新，而不是对传统的颠覆与否定。设计师对金银材料的使用，不仅考量这类材料具有的经济价值，还从材料自身的色彩、肌理、工艺等方面进行综合设计，将金银材料作为设计素材，并将材料的自然美展现出来。设计师与材料的对话中，挖掘材料自身属性，尊重材料是艺术展现的重要形式，也是对材料美学的本质思考。只有尊重材料的属性，才能做出优良的产品。如作品《期许》，正是运用金属成形特点和工艺方法，才创作出飘逸潇洒的作品形态（图4-1）。金银材料发展至今仍具有现代性的特征，主要取决于材料的物理属性和美学价值，正因如此才促使其成为现代首饰的重要材料。

金银材料作为首饰的主要材料，历史悠久，主要取决于材料的物理属性和材料的社会属性。人类的发展是在继承中发展而来的，是在继承前期成果基础上的新发展，这一过程也继承了文化脉络，并随着社会的推进，文化特征不断明晰。首饰亦是如此，在漫长的历史发展中，不仅继承了金银材料的工艺方法，还积淀了丰富的文化思想，使材料具有丰富的内涵。金银材料在传承中积淀了丰富的文化，其自身的文化性也是当代首饰的重要设计依据。由于受多元思想、多元需求的影响，人们对金银材料首饰的需求，不仅来自材料的物理属性所带来的美感，还取自于材料所

图 4-1　作品《期许》　张莉作

具有的文化属性。从某种意义上讲，金银材料所具有的现代性，一方面是自然美的使用，一方面则来自材料背后具有的象征意义。中国是一个注重文化精神的国家，拥有丰富的思想体系，因而金银文化比较丰富，其中最为突出的是中式审美下吉祥文化的影响。现代设计对金银材料的应用，通过对材料背后所具有的文化特质和内涵意义的挖掘，将材料美的形式和材料所具有的隐喻与象征意义进行结合，使作品更好地展现美的本质。

4.1.2　技艺的传承与创新

金银细工是中华传统金属工艺中的精华部分，聚集了多种优秀的工艺种类，也承载着中华造物智慧。即使在科学技术高度发达的现在，金银细工技艺的存在也具有一定的合理性和必要性，也是细工技艺当代价值的体现。在当代，随着人文思想的发展以及现代技术的进步，并随着首饰产业化的兴起，首饰在形态、工艺、材料上较之传统首饰都有很大的改变。在此情况下，金银细工首饰面临着何去何从的当代转化问题，也面临着工艺的继承与发扬的问题。面对一系列问题，细金工艺从业者结合国家对工艺保护的政策，开始积极探索传统工艺当代转化途径，并以新的精神形貌活跃于当代设计之中，具备当代工艺价值。细工技艺的当代适用性，主要取决于工艺本身价值和工艺背后所带有的精神意

义，也正因如此才使得细金首饰即使经历几千年的发展历史，依然以鲜活的姿态活跃于当代生活之中。

（1）工艺价值

众所周知，金银细工是金属工艺中比较精细的工艺形式，涵盖了中国大部分传统的金属工艺方法，因而具有较高的工艺价值。本书的开篇介绍到，金银细工包含多种工艺形式，如点翠、花丝、錾刻、镶嵌、锻打等，在这类工艺中每一种工艺都有自身的特点，同时也含有各自的工艺方法，正是现在多元化的生活方式和审美方式所需要的。每一项细金工艺都含有独特的工艺程序和工艺方法，只有全面地继承细工技艺和工艺知识才能实现丰富的工艺风格。例如錾刻工艺，在此工艺中包含了工艺的合理性和工艺的材料适应性，只有深入了解工艺知识才能有效地进行工艺实施。錾刻工艺的工艺原理，主要是运用金属的延展性以及工具抗压性来完成工艺的制作，只有了解工艺、材料的基本属性，以及工具式样与纹饰间的关系，才能有效地进行工艺制作和创新。作品《行过诺尔盖首饰系列#4—凤》，正是运用錾刻工艺特点和工艺方法创作的，将银材刻画得惟妙惟肖（图4-2）。因此，即使在技术进步的现在能运用高新技

图4-2　作品《行过诺尔盖首饰系列 #4 — 凤》　郭新作

术呈现传统工艺效果，也需了解传统工艺的基本工作原理，来实现工艺的仿制，因此在此层面上看传统工艺是现代技术的基础。另外，现代首饰设计需要传统工艺的支撑。首饰是在技术与材料基础上呈现的饰品形态，因而技术性是首饰的本源属性，是首饰实现从材料到形体转化的前提基础。在现代首饰造型中，技术性也同样重要，虽然有各自材料、工艺的使用，但金属工艺仍是当下首饰制作的主要形式。在现代首饰成形工艺中，较为常见的工艺方法有铸造、压模、焊接等，这类工艺多数都是传统的工艺形式，即使是新的工艺方法，也是在传统工艺形式中发展而来的。在现代的铸造技术中，铸造工艺与数字技术经常进行结合，使工艺的精准度提高，但其最基本的工艺原理依然是按照传统的失蜡法进行的，由此可见传统工艺是现代技术的原动力。

（2）工艺之美

　　金银细工作为传统工艺技术流传至今，不只因为其技艺形式对当代首饰的有用性，还在于细金工艺美的本质。美是人的向往，人都有爱美之心，其中首饰的装饰功能就是基于饰品的美而言的，美是细金工艺首饰发展至今的根本。金银细工首饰的美主要来源于两个方面，一是工艺形式美，二是工艺中手工痕迹的美。金银细工以精细而著称，工艺的精致细腻是金银细工美的主要因素，主要体现在工艺的精、准、思上。"精"是工艺的重要特色，主要指工艺的精巧细致，也是工艺质量的评判标准之一，如果细金工艺做不到工艺的精湛，也就失去了细金工艺的意义。在金银细工中，有的工艺制品薄如蝉翼，纹饰塑造得栩栩如生、细如发丝，有时需要借助放大工具才能看清纹饰精致的纹理脉络，因而以此工艺制作的饰品形态自然具备了美的要素。"准"也是金银细工的一个重要特征，指工艺塑造的准确度，主要包含形态准确、纹饰逼真、表情传神等方面。在金银细工中，工艺精准度主要依靠艺人手、脑运用来实现，因而技艺的精准与技术的经验有直接关系。如作品《九龙壶》，作品以精准的细工技艺制作而成，工艺细致、形体塑造准确，展现龙壶的优雅与雄健，传达出中华龙的精神（图4-3）。"思"指"巧思"，主要体现在艺人对技术的巧妙运用上。细工中对工艺的运用具有智慧性，与现代技术运用有本质的区别，是艺人造物思想的体现，也是中华文化的重要载体，其中包含着我国多重造物思想。技艺是人对自然的认知，展现出对材料和技术的掌握，体现了《考工记》中"材美，工巧"的造物观，细工技术是艺人在对材料、技能巧思的基础上实现的。另外，在细工饰品制作中往往遵循着构图完整、形体饱满、语意双关、动静结合的造型原则，并以主次分明、错落有序的处理手法，展现出艺人对工艺运用的巧思。金银细工技艺形式美，还展现在工艺工序上。每一种细工工艺都具有严格、复杂的工艺程序，每一道工序都是重要的组成部分，是构成精细工艺特色的重要因素。如上海金银细工，完成

图4-3　作品《九龙壶》　刘骁作

工艺一般都要经过锤打、抬压、钣金、錾刻、镂空、焊接、镶嵌、打磨、鎏金及抛光等基本的工序。作品《啸》，正是采用上述的工序制作完成，经过一遍一遍的工艺往复和各类工具的运用，将形体从平面到立体，由大型到细节刻画，从而实现了精美的作品效果，图中形体准确、纹饰清晰细腻，展现出复杂工序下的技艺之美、形态之美（图4-4）。在此，也反映出工艺美与工具的种类及精细的程度有密切的关系，因而工具在细工制作中占据重要的位置。复杂的细工工序需要多类别的工具实现，工具的式样及精细程度直接关系到细工技艺的风格特征，因而细金技术与其相适应的工具是不可分的。在上海金银细工中，技艺所使用的錾子一般有踏錾、批抢錾、杀錾、三角錾、斜錾、豆錾、花錾之分，其中花錾又包含鳞錾、沙田錾、印记錾、棕丝錾、双线錾、单线錾、圆点錾、簇毛錾、V形錾等多种类型。每一位资深的艺人，都积累了不计其数的工具（图4-5）。从中可见，金银细工技艺美是不言而喻的，随着时代的发展不断释放，具有美的永恒性和时代适应性。另外，金银细工是传统技艺在历史长河中发展而来的，其中包含了对新技术的融合与继承，是先进思想和技术共同作用的结果，因此工艺技术的现代性不是颠覆传统，而是在继承传统技艺基础上的深度发展，是传统工艺与当代技术的融合与创新。

金银细工的工艺美还体现在手工痕迹方面。随着工业化进程的发展以及信息化时代的到来，首饰设计越来越展现出科技感和未来感的特征，在制作技术上也常以现代技术为基础进行创作，因而饰品呈现出高度的工业化特征。在长期的极简审美风格下，人的视觉逐渐疲劳，开始向往手工制品。如十九世纪机械化生产背景下，人类进入了现代文明，在工业化进程中出现了工业产品的外形不能满足人们的审美需求的情况，从而发起了工艺美术运动，试图改变现状。新的技术形式所呈现的饰品形态，不能满足多元化审美的需求，手工制品的精细与灵性是现代生活不可或缺的一部分。另外，随着全球化进程的加快，设计师越来越感知到设计中保持民族风格的重要性，因而开始从本土文化形式和民族传统工艺等方面寻找设计基点，以展现时代民族精神和设计内涵，以求在国际设计中立于不败之地。金银细工是优秀的传统工艺种类，其中含有丰富的文化精神，也是新时代民族精神的展现。

图 4-4　作品《啸》　沈国兴作　　图 4-5　金银细工錾子

4.2
造型与装饰

　　金银细工作为传统的工艺形式，对当代设计有着极其重要的作用，即使经过漫长的发展仍具有当代价值和意义。以传统工艺为依托的细工首饰同样具有当代性的特征，其中首饰的造型和装饰具有现代意义。金银细工首饰是首饰中的经典作品，其工艺的精致、材料价值、形态优美是其他首饰类型不可比的，这类首饰的使用者多为达官贵人，因而在历史的发展中常作为宫廷用品。宫廷首饰由于服务于皇宫内廷的权贵人群，反映着统治阶层的权力与威严，因此它们以考究的形式、精致的工艺、昂贵的材料实现着身份地位的象征。其中，细工首饰的造型非常讲究，所用的式样和纹饰都要经过艺人的仔细推敲，将外在的美感与内在的精神意义融合于首饰形态之中，展现出时代精神。细工首饰以精美的式样呈现出首饰独有的精神品格，反映出皇权下特有的宫廷文化以及中国独有的审美形式和符号。

4.2.1　造型方式

　　金银细工首饰以物的形态存在，展示了中国独有的造型方式和式样，这些因素正是当代首饰设计立足之本。正如刘勰在《文心雕龙》中曰："望今制奇，参古定法。"指当下的创新是在继承传统章法的基础上进行的。中国传统文化博大精深，是民族智慧的结晶，具有鲜明的民族风格，是当代设计的基石。随着全球化进程的加快以及西方设计思潮对现代设计的冲击，本土文化在当代设计中的重要性逐渐突出。细工首饰正是在中华传统文化的滋养中发展壮大的，无论是首饰的造型还是装饰纹饰都含有独特的中国式样和造型方式，带有鲜明的中式审美特征。即使在首饰高度发展的现在，中国式样和审美意味依然是当代首饰设计需要继承的文化基础。所谓中国式样，主要是指带有明显的中国视觉语言特征的形式和样式，基于中国传统文化基因，具有独特、鲜明的中国语言符号特征。中国式的造型方式，即在传统文化、审美思想的影响下，艺人对首饰的造型方法和形式，进而也可以理解为将传统文化及与之相连的语言符号进行设计重塑，创作出既具有时代感，又具有民族积淀作品的方式。细工首饰经过长期的历史积淀，首饰形态、种类非常丰富，其中含有丰富的图案和样式体系，多是中华文化下特有的视觉符号。金银细工，是针对宫廷文化而诞生的首饰种类，其形态丰富、优美，多以吉祥文化为依托进行塑造，而中国吉祥文化包含甚广，因此拥有庞大的装饰体系，如常见装饰纹样可进行如下分类，动物纹有：龙、凤、鹤、龟、鹿、蝉、蝙蝠、鱼、蝴蝶等；植物纹有：石榴、葫芦、百合、核桃、牡丹、松、竹、梅、白菜、柿子、灵芝等；图符类的有：云纹、如意、古钱、回纹、太极纹、万字符、宝瓶、莲花、法螺、八宝纹等；文字纹有：福、禄、寿、喜、荣、华鼎、乐等。细工首饰中所含有的纹饰符号，几乎涵盖了中国造物中的所有纹饰种类，其运用目的都是以纹饰为符号，传达出符号背后所含有的文化意义。久而久之，基于民族文化基础的纹饰符号的运用，慢慢就发展成中国式样。中国式样不是指对传统纹饰的简单运用，而是对传统纹饰的提取与衍变以及在传统元素符号与当代设计理念的结合下，所形成的带有明显中国风格特征的视觉式样。中国样式不单指对纹饰符号的提取，还包含细工首饰中对形体结构的组织方式及方法。基于丰富的文化基础，细工首饰在造型结构方面无不透露着对文化的信仰，正因如此才形成了独特的首饰类型。《云水纹》系列胸针作品中，正是运用中国传统的文化元素与现代造型手法相结合进行创作，使作品既不失现代感，又极具民族风格特点（图4-6）。

图4-6 《云水纹》系列胸针 郭新作

4.2.2 装饰文化

传统造物在中国历史的发展长河中，不仅积淀了技术经验，还发展出丰富的思想体系，积淀了《考工记》《天工开物》《工艺六法》等记载中国造物思想的文献资料。由于中华造物是在对自然征服的基础上获得了技艺，所以无论是最初的打制石器，还是后来火的运用以及陶器的产生，都是建立在对自然因素掌握的基础上，因而中国传统造物思想多与自然有关。先民与自然有着特殊的依存关系，也促成了人们与自然的亲近、崇尚、友善，以至于自然与人的关系成为传统文化中的重要因素。基于朴素的自然观，传统造物思想多是围绕天、地、人之间的关系产生，因而也形成了"天人合一""师法自然""阴阳五行""四时相间""整体思维"等多种文化思想以及关于工艺器物中的"取象思维""审曲面势""技以载道"等工艺观，这些思想也影响到首饰造型，从而形成了独特的造型方式。如古代帝王所戴的冕冠，就是依照人与自然的和谐思想构建冠饰结构，其中冕冠中的延板以前圆后方的形制，展现古人对自然的认识。在此文化思想的影响下，细工首饰的造型在风格上呈现对称、协调、圆满等造型特点，再结合独有的东方符号特征，形成了鲜明的中式审美样式。细工首饰中虽然含有独特的中式美学特征，但其当代的适应性及价值不能简单地理解为对首饰中所含纹饰符号及结构方式的直接运用，而应结合现代设计与当代生活，将传统文化魅力以新的时代精神展现出来。因而，中国式的造型方式，也不是简单地对细工首饰符号及结构的借用，而应建立在对文化资源理解的基础上，以中国视觉符号为创作元素，将文化精神及内涵思想通过吸收、衍变、重组融入作品中，展现出中式美学观点，更深层次地反映中国文化精神和中式的哲学思想。如前面提到的作品《香火龙舞》，作者以龙为视觉符号，并将龙文化与地域文化进行融合，创造出符合当代饰品特征的现代首饰形态，从而使得作品具有鲜明的民族风格特征，更将龙文化与地域文化精神内涵融入其中，凸显出传统文化的当代设计应用。

4.2.3　造型法则

金银细工首饰形态中，含有中国造型美的法则和韵律，是现代设计学习和借鉴的美学精神。细工首饰在东方特有的文化熏陶下，以独特的方式表达着中国风格，其中隐含了独特的造型法则和节奏韵律。这些法则和韵律正是中国民族文化的外化特征，承载着中式美学的精神和民族情感，是当代首饰设计的重要因素之一。细工首饰是首饰中的翘楚，由于材料的稀有性和服务对象的独特性，其创想与制作无不透露着艺人的巧思与社会风尚，是传统造物观的经典作品，含有中国造物韵律和美学精神。古人信仰天、地、人的统一，讲究自然和谐，崇尚中庸、中和之道，反映在造物中体现在对"宜"的理解上，宜在造物中主要体现在宜人、宜物、宜质、宜法、宜时等方面，将器物的整体形态做到与各个因素相适应。此文化背景，也影响到细工首饰的造型，将首饰形体与文化思想进行结合，形成形态要素的构成法则。正因如此，细工首饰在功能、形式、结构、色彩、工艺、材料等要素的运用方面结合了当时的各种因素，包含人文、佩戴、审美、消费、环境等，并将各因素进行协调、统一，达到相宜的艺术本质。如首饰充耳，正是相宜本质的展现，考虑到帝王身份及使用的方式和意义，做到了"非礼勿听"的功能。在适宜、中和等文化理念的熏陶下，首饰形态多呈现含蓄、内敛的表达，并与留白、意境之美进行结合，呈现出错落有序、繁简相宜的状态。作品《山水之间》，在形态元素的运用以及造型构造中，都体现出中式审美下所特有的含蓄之美和意境之美（图4-7）。此外，中国民众长期在吉祥文化的影响下，具有强烈的求吉心理诉求，这种心理现象对首饰造型影响较大。主要表现在两个方面，一是反映在形态塑造中。日常中，对吉祥幸福的追求多体现在拥有美满结果的事物上，在造型中常以饱满、圆润、烦琐的造型方法隐喻对吉祥的追求，因

图 4-7 作品《山水之间》 郑静作

而首饰形态多呈现对称及均衡布局，以此彰显其文化属性；二是反映在造型方式上，讲究"和合之美"。"和合"是中国重要的文化精神，展现了中式审美中的思辨美、次序美、伦理美以及和谐美，反映在首饰造型上主要指纹饰形态的叠加，以求"吉上加吉"的精神慰藉。单独的纹饰构造不能满足人们对吉祥的追求，以音、意的方式将纹饰组合起来，使其多福多吉之意更为突出。如凤凰牡丹纹金簪以传统的累丝工艺制作而成，纹饰以牡丹、凤凰纹为主，造型丰满、层次丰富，形成了以牡丹寓意富贵和以凤凰代表吉祥安康的美好寓意的融合，展现出纹饰组合下"吉上加吉"的文化现象。另外，金银细工首饰中造型和纹饰的衍变，折射出饰品与生活方式的思考，有助于当代首饰设计中对形式和功能的创新。细工首饰造型与纹饰不是稳固的、恒定的，而是随着历史的发展、生活方式的变迁不断做出调整。首饰形态与种类、肌体、技术有着密切的联系，其中首饰种类是影响首饰造型的最直接因素，从某种程度上讲首饰形态衍变过程可以看出首饰种类的变化。首饰从最初的头饰逐渐发展到手饰、耳饰、腰饰、项饰等类型，这一过程可以清晰地展现生活方式、时代技术、文化思想和首饰的关系，也可以看出首饰功能、形式与时代的关系。因而在此情境的影响下，有助于我们思考当代首饰发展方向和价值取向。在当代，首饰的发展不仅是形式的展现，更重要的是对当代生活的适应性和有用性以及对未来的预见性，因而应以可持续发展的视角审视首饰，以当代的生活方式、本质需求为基点进行设计。

4.3
文化思想与价值

4.3.1 民族文化思想

　　金银细工首饰是传统造物的一部分，无论是首饰形态还是工艺技术，都具有中华优秀文化思想和工艺理念，是当代首饰设计的立意之本。本土文化是民族精神的体现，是民族发展的根基，也是当代设计基因来源，因而文化的继承与发展对现在、未来设计有着重要的意义。文化属性是由民族特性决定的，并决定着造物体系的方向，是影响造物的重要因素。民族文化基本特征的形成，主要依靠本民族所在的地理环境、社会制度、技术条件等因素的共同作用，是在民族生存的土壤中滋生的。中国文化源于农耕文明，因而生态环境成为我国民族文化发展的主要影响因素，也由此发展出"天""地""人"的关系论，形成了崇尚自然、敬畏天道、听从天命的文化思想，影响着中国造物的发展。文化是民族血脉，器物是文化的载体，细工首饰中含有我国丰富的文化精神和造物思想，正因如此，细工首饰虽然经历了几千年的发展依然具有现代性特征和当代价值。当下，文化交融的形势严峻，保持民族性才能保持世界性，才能在世界文化中具有一席之地。细工首饰中含有中华优秀的文化理念和造物思想，对当代的首饰设计具有重要的价值意义。

　　细金首饰在其制作、构思过程中含有丰富的民族文化特征，其中首饰的形态是文化形式的具体表现，主要通过纹饰、形体、技艺等具体构成要素展现所蕴含的文化精神。古人将文化精神与世间万物联系起来，并将主观认识与人的使用物进行关联，体现中国造物的特点，首饰也成为文化承载的重要器物。细工工艺作为精细工艺的一部分，其含有的文化体系比较丰富，主要有宫廷文化、民间文化以及儒释道等思想文化，因而涵盖了中华文明的精髓。在长期的文化熏陶下，首饰展现了政伦规约的形制美，同时也展现出人们求吉纳福的思想。阴阳五行文化思想也用于造物体系，并将五行观与四时五方流转变换结合，将万物节律同一、变化有序、动息相结的和谐整体观用于首饰形制之中。值得注意的是儒学思想对造物行为的规范，将"规矩""准绳"思想意义作用于造物中，并引申为"德"的规范在饰品中的作用，从而衍生出"物"与"道"的关系。如孔子常将"玉"比"德"以作君子之风，又有管仲论玉之"九德"，将玉质特征与人的品格特性相连，展现德的行为尺度。由于玉石文化的兴起，细工首饰中玉质材料得到广泛的运用，以玉的品质、种类象征佩戴者的身份，如汉代天子常配白玉、公侯佩山玄玉等。有时古人还将佩玉行为与道的尺度相连，形成衡量人的道德标准，如佩玉后，当冲牙与两璜相撞时发出的声音节奏有律，则说明佩戴者具有温文尔雅的品格；当走路时，玉石的撞击声凌乱无序，则表明佩戴者行为有失礼仪。随着文人士大夫阶层的兴起，世俗文化也在首饰中得到蔓延，形成了自由、活泼的艺术风格，展现出文人阶层的文化情趣和价值观念。因而古代梅、兰、竹、菊"四君子"形象在首饰中层出不穷，反映了文人思想观念在首饰物化中的折射，也展现出文人士大夫阶层的审美情趣。另外，佛教、道教等宗教思想也对首饰的发展产生重要的影响，如首饰纹饰中对明八仙、暗八仙的应用，以及在祈求长寿的观念下对"寿比南山""松鹤延年"等纹饰的运用。细金首饰中所包含的文化内容丰富多彩，代表着民族精神和力量，也是当代首饰根源所在。

细工首饰经过长久的发展，不仅沉淀了丰富的文化，还积累了优秀的造物思想和准则。传统造物与现代设计有一定的相似性，在这一过程中涉及领域非常广泛，既包括物体呈现所需的必备要素，如材料、工艺、功能等，又包含现实生活中的各个方面，如社会环境、生活方式、人文思想等因素，因而在长期的劳动实践中古人也沉淀了丰富的造物思想，以规范传统造物的各种行为。先民在长期的设计实践中，不断地探索物与人的关系，形成了层次丰富的造物思想，既有对工艺运用规律的思考，又有遵循的思想理念，都成为设计经典，应用于现代首饰艺术之中。现今遗留下来的中国早期工艺典籍《考工记》，记载了有关工艺创作的原则及规范，强调工艺创造应对时间节气、地理空间、材料特性、工艺技术等因素进行综合考虑，才能制作出优良的产品。这一工艺观念至今仍是设计思想的经典，依然适用于当代设计。材料、工艺都有其各自的属性特征，在设计运用时应遵循材料、技术具有的特性，才能获得好的设计效果。如用竹子材料制作杯子常用于南方，主要因为南方气候温润适合此类器物的使用，北方气候干燥容易造成竹子材料的干裂，因而使用材料时应关注材料的自然属性。在《周礼·考工记》中载："审曲面势，以饬五材，以辨民器，谓之百工。"亦是对材料技术的运用法则的经典造物观。在中国，由于地理环境以及生活方式的影响，造物观特别丰富，顺应天理、尊重自然等朴素的唯物思想成为经典。如《道德经》中载"人法地，地法天，天法道，道法自然。"老子认为自然万物都有各自运行的规律，人的行为也应顺应自然规律。设计也是如此，只有顺应自然规律去构思设计、探寻创新方法，才能从根本上达到各要素的统一。在传统中国思想体系中关于造物观的内容很多，除去上述关于材料、技术等观点的思想外，还有很多对人与物关系的思考，以此规范着造物活动。古人造物有"重己役物"的思想，强调以人为本，注重人的主体性，体现了先民对生活本质的追求。在造物中还注重"技"与"道"的关系，从而形成了"技以载道"的思想观，将技术与思想进行融合形成道器并举，将形而上的思想观念与形而下的工艺、技法进行结合。在古代设计中也有关于器物功能与装饰关系的论断，如"文质彬彬"思想观，强调造物中功能与装饰、内容与形式的统一。此外还有"以天合天""致用利人"等思想，都是影响着中国造物的重要思想根源，也是细工首饰制作时遵循的思想准则，其中不少思想应用于当下的设计，依然是当代文明的重要组成部分。

4.3.2　手工价值

金银细工首饰的当代性，还体现在其具有当代社会价值。金银细工首饰作为传统工艺的一部分，符合当代审美需求。在现代首饰设计中，现代技术无处不在，无论是绘图还是制作，整个过程中都留有高新技术的痕迹，即使如此手工魅力在当代也无可替代。从多元审美方式角度，机械生产具有简洁、明快的艺术效果，但手工中蕴含的节奏、韵律以及手工留有的温度是其他艺术形式所不能比拟的，手工制品依然受到人们的喜爱，适应多元审美需求。当然，细金工艺的当代审美性不是对传统工艺方式的照搬照抄，而是以传统金属工艺为基础制作出符合当下时代审美特征的工艺品，是对传统工艺进行科学、有效的继承。另外，细金首饰的当代价值还体现在工匠精神的当代性上。工匠精神主要建立在工艺劳动之中，是工艺精神的根本所在，也是工匠对待手工劳动的态度。在传统金属工艺生产中，工匠作为一种职业，一生只从事一门技艺的钻研与制作，他们以精益求精的态度对待工艺劳动，在制作中始终保持耐心与专心，以持之以恒的态度专注于工艺制作，以高超的技艺和优良的工艺制品获得同行及外界的认可。工匠精神实则是工人在制作过程中，对工艺品精益求精、完美无瑕的自我追求的精神理念，是对工艺理念、器物、技术的综合诉求，也是工匠将工艺理念、审美价值、道德文化融合创作的综合体现，体现了工匠持之以恒的精神态度。这种精神对于当代工艺制作具有现代性意义，是当代诚信敬业品质的精神内涵，也是当代社会职业理想树立的重要榜样，是现代首饰设计精神所在。

5

金银细工首饰
设计方法与策略

金银细工首饰是当代设计的一部分，具有设计的一般特征。在对细工首饰设计的基本知识梳理之前，先对"设计"概念做基本的认识。关于"设计"概念的理解，学界有广义和狭义分支。就广义而言，设计概念在中国古代称为"造物"，发展到民国时期常称为"图案"，现代通常称为"设计"。中国设计源于先民对自然的征服，第一块打制石器的出现，标志着设计行为的出现，设计也就诞生了。狭义的设计概念，一般指现代意义上的"设计"，是由英文"design"翻译而来的，该词一般具有名词词性和动词词性，设计作为名词，多指装饰性的图案，常为结果；设计作为动词，多指发明创造的行为，常为过程。在现实生活中，设计是伴随着人类的劳动而产生的，当人类开始有意识地改造自然时，设计意识也就产生了，从而带来设计行为。由设计的概念可以看出设计是为某种目标而进行的有意识的活动，是一种创造性的活动，也是在尊重事物发展客观规律的基础上，通过突破常规思维限制大胆想象来改造世界的活动，通常具有目的性、创造性、求新性、未来性、精神性、系统性、适用性等特征。

当下设计范畴所包含的面比较广，通常情况下细工首饰设计属于艺术设计范畴，细工首饰的创造是在遵循材料、技术的前提下进行的艺术表达。因而金银细工首饰设计一方面是创造性的活动，具有艺术性；另一方面则具有理性思考特征，具有科学性，因而是科技与艺术的结合。从思维层面上讲，细工首饰设计是科学思维与艺术思维的结合，也是应用创造性思维的活动。因而，金银细工首饰创新设计，是对设计思维、理论体系、工作方法、创新能力、技术质量、设计程序等知识的综合运用，是思维、程序、实践知识体系的综合体现。在细工首饰设计时，应结合我国造物文化理念，将中华民族文化、造物思想融合到当代设计精神之中，促进民族文化为基点的设计产品开发。另外，细工首饰设计应与时代生活紧密相连，以时代中问题为导向，探索工艺创新应用方式，输出设计创新方法，引导创新能力和设计质量，增强设计服务社会的能力。

5.1
金银细工首饰创新设计思维

金银细工首饰设计与其他设计相同，在多元文化发展时代，寻求创新才是传统工艺衍变发展的有效途径，也是工艺技术传承保护的有效方式。创新是不断地运用现存知识来突破常规，展现新的价值及新思想，呈现新的事物。因此突破常规成为创新的关键，包括突破传统的思维模式以及常规的定律，因而创新需要创新思维。在细工首饰中，由于工艺、技术及思想的影响，创新主要体现在设计品的功能形式、工艺运用、材料探索、思想观点等方面，无论出于哪一方面的创造，都需要创造性思维模式来创造新的价值体系。

5.1.1 思维类型及创造性思维特征

细工首饰创新与其他设计一样，都是运用设计思维对旧有模式进行突破，由此可见思维对于设计创新的重要性。思维是人脑对客观事物所做出的反应，也是对事物本质和规律的认识，因此思维能力决定了人的智慧。对于思维概念的理解至今没有形成统一的看法，有的专家认为思维是一项有目的、有意识的探究，也有学者认为思维是人脑对客观现实做出的反应，总之思维是人脑对外界的思考与分析，通过思维人们可以将认知从感性层面提高到理性层面，可以扩展认知的深度和广度。细工首饰设计是创造性的活动，是运用创造性的思维模式去感知设计中的问题，分析材料、工艺、功能、造型等因素的建构与当前社会的关系，以及对未来生活的指向。在此，基于金银细工首饰的特征，我们介绍一下首饰设计所涉及的思维类型。

5.1.1.1 思维类型

细工首饰是基于工艺制作的设计创新，其所涉及的思维类型比较丰富，既有对工艺技术客观规律的思考，也有对艺术作品的表考，还要思考工艺产品的有用性，因而工艺设计所用到的思维类型比较丰富，一般有以下几种。

（1）形象思维

形象思维是借助于外部具体的形象为主要内容，对外部进行反应的思维方式。形象思维在设计中较为常见，设计师常常运用特定的形象与设计主题相连，进而表达设计思想。同时，形象思维也造就了作品的呈现方式，给人以有意味的形式，也给作品带来丰富的想象，从而对作品质量的好坏起到关键作用。在首饰创作中，对形象思维的运用多采用模仿法、联想法、组合法等方式。模仿法一般是对自然形态的直接模拟，一般倾向于设计中的具象形态，通常是对现实中形象的直观印象（图5-1）。模拟法在首饰中运用比较普遍，首饰形态中有不少形式直接取材于自然，将肉眼观察到的形态经过简单的加工直接运用到设计中。联想法也是设计中常用的方式，通常以直观形象为基础，将外在形式与内在特征的相似性进行关联，进而对直观形象进行联想，如鼠标与老鼠的联想。在对形象思维运用时，还可以根据事物的内在本质的相似性进行联想，竹子具有君子之风，有高洁之意，首饰中对竹子形象的运用不在少数，有的是采用直接形象的运用，有的则是根据竹子具有的内在特征与人的品格相连，形成高耸、挺拔的抽象形态，从而形成了人心中的意向之竹。作品《风骨》借用托物言志的方式，将现实中的竹子与传统文化中的竹子寓意进行关联，表达作者对中国传统"傲骨不傲气"的人文精神的崇敬之情（图5-2）。首饰中对形象思维的运用，也常采取组合法进行，组合法的方式比较多，有同一形态的组合，也有不同物态的组合，还有多种方式的组合。总之，设计中对形象思维的运用能力，往往展现出设计师的审美水平及表现能力。

图5-1　自然形态首饰　吕纪凯作

图5-2　作品《风骨》　吴二强作

（2）发散思维

发散思维一般指在对某一问题进行思考时，大脑呈发散状的思维模式，从一点扩展到面，呈放射状。这一思维模式也是首饰设计中常用的思维方式，多用于创意的构思阶段和形体呈现阶段，运用发散思维有助于捕捉更好的创意点，有助于设计中新观点的产生。在金银细工创作中，发散思维的运用角度比较广，可呈多维发散状，通过多角度分析问题来摆脱常规的思维方式，以取得更好的创意。基于细工首饰的特点，设计中发散思维运用的形式比较丰富，一般有结构发散、材料发散、功能发散、形态发散、因果发散等，其中以材料、功能、形态、结构发散最为普遍。形态是每一门造型艺术中都必需的要素，形态呈现代表着设计师的审美能力及设计表达能力。形态发散主要是指以某一事物的形态包含形状、色彩、肌理、气味等为发散点，想象运用形态的各种方式和可能性（图5-3）。材料是首饰的必备要素，是首饰呈现的物质载体，因而在设计中对材料的应用非常重要，因此材料发散也是较好的创作选取角度。材料发散主要是以某种材料为原点进行发散，设想其运用的各种可能性，可以是对其用途的发散，也可以是对其形式构造的发散，也可以是对其所能适用的工艺方式的发散（图5-4）。工艺设计中，材料的运用至关重要，设计形态的创作多是由材料本身而引起的系列实验。功能发散，是以事物的功能为发散点，设想实现功能的各种可能性以及以原功能为起点对各种功能方式进行思考。对功能的发散，有助于新形式的构建，也利于对当下便利生活的思考。设计中发散思维运用比较普遍，对于运用的效果主要取决于发散的流畅性、灵活性、原创性及衍生性，以思维发散的速度、数量、新颖度等因素来判断思考的质量，发散能力的强弱直接关系到设计创造性的高低。在日常设计中，往往借助于思维导图，寻找不同点以及故事讲述等方式来扩

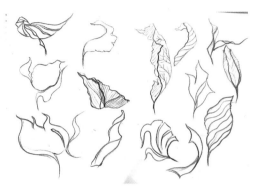

图5-3　形态发散练习　李美含绘

图5-4　木材料形态发散练习　于浩作

散思维，以探寻好的创意。其中，思维导图是最为常用的思维发散工具，能清晰展现思维宽度和深度及思维运动的轨迹。

（3）直观行为思维

首饰设计中，直观行为思维也可看作操作思维，指通过直接的模型制作或设计过程实验进行的思维。设计是过程性的劳动，首饰设计更是如此，从设计思想的建立到设计图稿的绘制，再到模型的建立及最终的呈现，都是对设计探寻的过程。在这一过程中，由于材料的复杂性及工艺的适应性，首饰制作需经过多次的实验与调整，制作无数的小样与模型，直到最终作品形态的确定。如英国银器家大卫·克拉克，在上"桌上风景"主题设计课程时，让同学们做勺子模型，通过实际物件的操作，让学生更深刻地感受到功能与形式的关系（图5-5）。在首饰形态探寻的过程中

图5-5　勺子模型

也较常运用直观行为思维，通过实际实验可以感受材料、工艺结合的效果，也可以及时查看首饰的立体空间建构方式及韵律。

（4）逻辑思维

逻辑思维也称抽象思维，是主要借助于概念、判断、分析、推理等方式抽象地反映客观世界的思维方式，这类思维有助于揭示事物间的本质规律和联系。设计中抽象思维有助于将感性材料抽象成概念，再通过判断、分析、推理形成新的认知，从而完成设计过程。逻辑思维有助于将感性认识提高到理性的高度，从而产生新的观点，并贯穿于设计的全过程，从设计选题、设计问题、调研分析、灵感扩散到设计生成都需要进行对知识的归纳、总结与分析，都离不开逻辑思维。

（5）系统思维

系统思维是原则性和灵活性有机组合的思维方式，是由两个或两个以上的单元要素组合成有机的整体。只有运用系统思维才能掌握事物发展的整体性和全局性，才能有效地统筹整体与局部的关系，以整体为立足点将着眼点放在全局上。当下，设计是一个复杂的创作过程，由于经济、文化、技术、形式等方面因素的

影响，只有运用系统思维从整体观的角度入手，才能有效地对各个要素进行综合运用形成最优效果。因而设计需要系统性思维，有助于设计方案的整体统筹，利于过程优化以及实现设计结果的最佳状态。

（6）逆向思维

逆向思维是比较灵活的思维模式，主要针对正向的思维而论，是对常见的观点进行反其道而思考的思维模式，让思维向对立面的方向思考，不受常规的限制，从而获得新的观点。首饰设计中，出于求新、求异的艺术效果，往往采取逆向思维来运作设计，从而获得新的认知。逆向思维适用于设计的每个阶段，如图5-6所示，艺术家大卫·克拉克在工艺产品的授

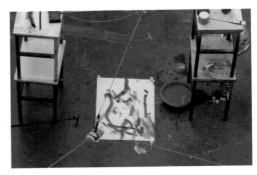

图5-6 逆向思维训练

课前，运用逆向思维方式让同学作画，作画的工具、环境异于常规，非手、非笔，以此开阔学生视野，激发学生创作的灵感。

细工首饰设计运用的思维方式并不固定，通常在不同的设计阶段会运用不同的思维方式来整合设计，往往需要多种思维的综合运用来进行设计问题的处理。由于细工首饰呈现方式的独特性，设计中常需要感性与理性的结合，科学与艺术的统一。因而，设计思维是多种思维方式的综合，也展现出思维的活跃性及敏捷度，其活跃性和敏捷性主要来自观察与思考。

5.1.1.2 创造性思维特征

创造性思维是设计思维中最重要的一种思维形式，设计的创新、创造都离不开创造性思维方式，创造建立了人类的文明。设计是一项有目的的创造性活动，其本质在于创造，主要依靠创造性思维来设计，因而创造性思维是设计艺术的主要思维形式。创造性思维是一种具有开创性的思维活动，主要以感知、联想、逻辑、推理等能力为基础，开创新的认知，因而创新性设计结果往往具有新颖性、独特性的特征。设计中创造性思维的运用，主要通过问题分析、突破常规、重新构建三者关系的有机统一来实现。设计实践多以事实为根据，经过主动性和创新性的思维，探索事物间的本质关系和规律，并能在此基础上有深的认知，从而开拓

新的认知领域，因而创造性思维是人脑的高级思维方式，也是人类独有的思维形式。另外，创造性思维在遇到问题时，能够从各个角度、多层次、多方面去思考，探寻解决问题的路径，在方式方法上不受旧有模式的限制，因而具有发散性特征。

创造性思维有别于一般思维，常规思维主要是运用现存的知识，按照原有的经验进行思考的一种思维方式，这种思维具有守旧、稳固、重复等特点。创造性思维正好与之相反，其思维形式具有前沿性、深刻性、独立性、敏捷性、灵活性等特征，是一种独特的思维活动。前沿性主要是指创造性思维在进行思维活动时应走在时代的最前列，以全新的面貌呈现新的思维结果，使观点、认知具有探索性、未来性。创造性思维特征还反映在对事物认识的深刻性上，主要表现在能透过事物的现象认识事物的本质，并能根据现有的规律推测出潜在性，具有预见性的能力。独立性主要指创造性思维运动不受外界的干扰，也不受现有规律的限制，有其自己独立的思考，正因如此，创造性思维才易打破常规，开创新的知识。敏捷性、灵活性是创造性思维的最重要特征，能使设计创作及时感知时代信息，掌握时代发展动向，并运用灵活的思维方式，以超前的意识来解决时代问题，从而达到了创新的本质。金银细工首饰设计中创造性思维运用依然重要，一方面，运用创造性思维有利于将传统的工艺形式进行现代方式转变。传统工艺有其固定的工艺程序和方式，如果按照常规思维很难将其进行创新，如果运用创新思维以独特的、全新的思维模式看待工艺方法，也许会取得意想不到的结果。如作品《幻》，作品运用花丝工艺的排列方式与现代抽象造型进行结合，造就了现代饰品的时尚感（图5-7）。另一方面，创造性思维的运用有助于将传统的文化精神与当下时代精神融合，从而完成传统文化的当代转化与发展。创造性思维具有敏锐性、深刻性等特点，能及时地感知当下社会需要，并能将金银细工中含有的传统文化运用于当下，发挥新时代下的精神作用。

图5-7　作品《幻》　张莉作

5.1.2 创造性思维的训练方法

细工首饰的再设计离不开创造性思维的运用，因而在对首饰设计之前应掌握思维训练的方式和方法，从多维度去发散思维，以取得创造性的成果。思维方式是在人的长期实践中形成的，但也不是固有不变的，具有可开发性，因而创造性思维是可以通过一些工具进行训练所获得的。思维训练主要采用一定的方法，对人的认知能力、思维方法、思维知识等进行系统的训练，从而提高思维水平。人的思维模式的形成需要过程，一般从观察到发展，再到解决问题。创造性思维也是在实践的过程中逐步建立的，需以经验、认知积累为基础，并具有开放性的特点，敢于畅想，勇于思考才能建立有效的思维模式。设计为造物，就是创造新事物，设计的本质在于创造，因而激发创造性思维、提高创造力非常重要。在艺术设计中，对于创造性思维的训练方法大家各抒己见，不同设计师有不同的见解。

首饰设计与其他艺术设计有所不同，它既不是趋于平面的视觉设计，也不是基于批量化生产的工业设计，而是属于手工艺术设计，因而其设计过程与其他设计有所不同。以手工技艺为基础的细工首饰具有以下特征：一，首饰的生产以手工技艺为主，适合小规模的生产；二，首饰的功能主要以装饰、文化传递、技艺继承等为主，因而文化因素、情感因素要高于现实中的实用因素；三，细工首饰具有较强的技术性，民族风格特征较为明显。针对这类设计，应结合与之特点相适应的方式方法。

5.1.2.1 训练程序

细工首饰中创造力的运用，对设计水平的发挥至关重要，在首饰设计中所进行的创造性思维的训练多数都遵循一般原则，主要表现在以下几个方面。

（1）多方式思考问题

设计中针对一个设计问题，不能只有一个解决方案，否则太过单一，难以创新。法国哲学家查提尔曾说过："当你只有一个点子时，这个点子再危险不过了。"在设计实践中，围绕一个问题应进行多维、多角度的思考，从中选出最优方案。

（2）强化认识

强化认识对于创造力的开发非常重要，设计实践中应探寻大量案例，并制定相关数量的练习，再进行创造性思维训练，才有助于设计的进行。如对于木材的处理方式能给出多少个解决方案，作者试图从体、线等方式探讨木材的呈现效果（图5-8）。量的训练能带来质的思考，同时也能有效地探索问题解决途径。另外强化认识还体现在对工艺制作方法的认知上，基于长期的工作经验，充分地理解金银细工技艺的工作原理，根据工作原理进行大量的工艺实验和工艺形式的探索，从而达到对工艺新的理解和创新。如起版铸造工艺中，通过理解浇铸的原理，将熔模腔体实验设计为开放式空腔，从而形成了打破传统的铸造工艺形态（图5-9）。

图5-8　木材形体训练　于浩

图5-9　铸造工艺实验小样

（3）问题意识

优秀的设计师往往具备问题意识，能敏捷地捕捉当前设计问题，并探寻解决方案。

（4）评价分析

根据观点的各要素，来分析观点的质量。

（5）奖励

对优秀的想法和解决办法给予奖励，以起到鼓舞作用。

（6）自由

创作中给予充分的自由，自由言论、自由构思，给思想松绑。

（7）创造力的培养

每个人都具备创造力，但创造力的表现需要开发。创造力的培养首先要从培养观察力开始，观察是认识事物的基础，通过观察可将表面认识上升到本质认识，可发现事物运行的规律，对设计观点产生新的想法。然而观察也要讲究方法，不能以恒定不变的观察方式来判断事物，应以多角度、多方位观察事物，以便给予更准确的信息。观察力的培养还应重视注意力，从观察中发现细节，并从细节中提出问题，以此加深对问题的研究，也提高创造的力度。发现能力也对创造力起着重要的作用，对待事物只有观察，没有发现，那么其观察行为就毫无意义。发现能力可以让观察更具意义，可以在观察中发现问题，发现可能的因素，发现异同等，从而使设计更具新意。在设计创造时，只有发现是不够的，有时还需要想象能力。想象在创造力中起到的作用尤为重要，可以说没有想象就没有创造。如果没有想象，人类就创造不出飞机，也实现不了电力的发明和应用，更不会有信息化的时代，因而想象能让人们的思维活跃，能启发多重创意，设计需要奇思妙想。设计还需要具有分析能力，前面我们讲到设计是科学思维和艺术思维的统一，因而理性的分析是问题解决的关键。通过分析可以对事物有全面的认识，更易于认识事物间的相互联系和事物的本质，从而易于创造。创造力的运用还需对联想能力、分析综合能力、设计表达能力等多方因素的开发。创造是一个过程，在这过程中运用到多种思维能力，因此也可以说设计是面对复杂问题时对各要素综合运用的能力。

5.1.2.2　训练工具

艺术设计是运用创造性设计思维开发创造力，因而激发创造性思维对于设计至关重要。设计思维可以通过训练得到开发，由于每一门类的设计所涉及的因素有所差异，所以对于思维训练工具也有所侧重。金银细工首饰设计是基于材料应用、技术传统、生活方式、文化理念、观念扩展等方面的研究与创作，其所运用到的思维训练的方法多集中于对材料、形式、观点、工艺、文化等方面的探索，在探索中探寻设计问题。好的设计项目从一个好的问题开始，定义设计问题是获得创意的有效途径，而获得好问题的方法主要有思维导图、头脑风暴、定义功能、类比隐喻、设计访谈等。

（1）思维导图

思维导图法在首饰创意开发中较为常用，是思维调研的方法，以视觉的形式展现主题间思维发散的思路和相互之间的关系。这种方法以全脑的思维方式代替线性思维，在这一过程中可将有用信息集中在一起，可以是与核心观点、主题联系的任何信息，如观念、文化、词汇、形态、物品等。其主要的工作方式为将设计主题设为核心，围绕中心问题向四周发散，给出多途径解决方案，每条主干线上都有数条分支，用于陈述方案的基本情况，包含优缺点，然后再进行研究分析，提出问题解决方法。在此基础上，如果需要还会再绘制一幅思维导图，重新评估问题解决方案。以思维导图的方法扩散思维，一方面可将思维运行轨迹直接化、视觉化，能较为直观地分析问题；另一方面，视觉的直观化有助于设计师更快、更便捷地研究问题，并能有效地厘清问题的各个方向，利于创意概念的产生。思维导图工具一般适用于设计主题确立初期，对主题思路进行扩散；有时也用于设计信息收集后，用于整合、分析；有时也用于视觉形式探索阶段，收集与主题相关的信息，并以某种关系为连接点进行整理分析。如关于"母与子"的主题创作，在主题探索初期运用思维导图扩散相关主题的思路，并通过联想与扩散找到问题点及解决方案，从而完成创作（图5-10）。

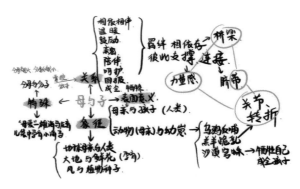

图5-10 "母与子"思维导图 孙心仪绘

（2）头脑风暴

头脑风暴是由美国创意之父奥斯本发明的，是激发大脑产生创意的方法。这种方法适合于工作小组集体工作。在进行头脑风暴时参与者应遵循相应的规则，参与者围绕讨论的主题任意地发表言论，畅所欲言，无论提出的想法多么荒诞无稽，其他成员都不得制止与批评，以此方式产生新的观点与方法。这一方法的主要程序一般从定义问题开始，拟定讨论的问题，并制定规则和时间，组织成员介绍相关规则，并找到主持人；围绕问题，发散思维，创意产生并记录，成员归纳讨论；将所有的创意列在清单上，再进行归纳、分类分析；将最有效的方案选出进行下一环节。首饰设计中，头脑风暴适合于设计的各个环节，但比较侧重于设计问题确立之后对观念的认知阶段，通过随心所欲地想象，不受功能、材料形式等的限制，从而产生更多的创意想法。首饰造型中也常运用头脑风暴工具，通过灵感的激发能产生意想不到的视觉形象，再根据主题观点进行归纳、分析。在寻找形态的过程中，如果迟迟不见有意思的形态出现，可运用这一方法扩展形体，如图5-11所示，并将三位同学分成一组，将一张纸折叠成五份，第一位同学在一份上以两点为开端任意地绘画，待绘制完毕后遮盖自己的画并留给后面的同学两个起点，以此类推，待所有同学都画完后，会收获新的创意点，给现有设计新的启示（图5-11）。首饰设计中头脑风暴开展的程序，可以根据专业的需要调整。如器皿艺术家在对现有器具进行造型时，将小组同学组织起来，在规定的时间内对收集起来的现有器皿的结构进行重组，从中可对器皿的功能、形态有全新的认识（图5-12）。

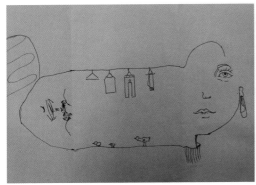 

图 5-11　图形训练　　　　　　　　图 5-12　器皿造型训练

（3）定义功能

功能是首饰的必备要素之一，对功能分析也是金银细工首饰创意获得的方法。定义功能主要是指对细工首饰的功能作用进行分析，主要以当前社会现状为背景，以当下以及未来需求为设计点进行功能扩展，以适应时代需求。定义功能往往适用于创意产生的初始阶段，用于设计品新功能的开发。在重新审视功能时，设计师通常将设计概念通过功能的形式描述出来，在此过程中通常忽略其他要素的限制，将基本功能进一步扩散，建立全新的功能体系。功能的思考与定义，可以有效地激发创意，避免设计师简单地提出问题及方案。在首饰设计中，定义功能一般先尽可能多地描述其所具有的功能，如细工首饰有审美、装饰、文化传承、工艺继承、工艺创新、人肌关系等多种功能，在此过程中尽可能多地探索功能形式；列出功能清单，可以功能图标的形式呈现；面对复杂的功能进行分类整理，可以按功能的主次进行整理，也可以按原始与新型功能进行分类；系统地分析整理功能，将一些遗忘的功能进行补充，并分析功能间的关系，包括主功能与子功能、子功能与子功能等，从而推测可实现的并具有前景的功能形式，以获得新的创意。例如在对容器——杯子的功能进行探索时，经过对杯子现有功能的分析及联想，整理功能清单，最终将设计概念定位在防尘功能上，根据功能再探寻形式（图5-13）。

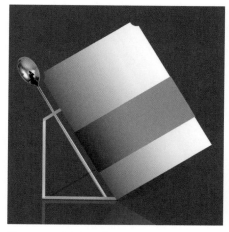

图5-13　防尘杯子效果图　郑鑫雨

（4）设计访谈

设计访谈，也是首饰设计中创意开发的有效工具之一，主要是设计师与被约谈人面对面针对某一问题进行充分的交流与讨论，被约谈人应根据问题所涉及的领域进行选择，可以是用户、企业、专家等。通过访谈及深度交流，可以有效地获得相关首饰设计的信息，并能提高设计认知，开发创作思路。访谈交流一般用于创意开发初期，通过访谈可对设计产品或相关设计的现有状况及存在问题有一定的了解，可以对相关概念进行深入探讨，从而获得新的设计观点。做设计访谈需要遵守一般程序，首先应制定访谈指南，包括与研究问题相关的系列清单；然后根据研究问题选定访谈对象，并把需要访谈的内容清单提前与访谈者进行交流沟通，以便取得更好的访谈效果；其次，实施访谈，并对访谈内容、过程进行记录，可采取文字、录音、录像、拍照等方式，整个过程控制在一个半小时左右；最后，梳理访谈内容，发现重要观点及信息，引发创意。设计访谈根据内容的需要可分为目标群体需求访谈和深度访谈。目标群体的需求访谈多用于对产品目标信息的调研，以及对用户的需求和行为的了解，找出设计概念的关键信息。深度访谈多是一对一、直接的访问，访谈的对象多是同领域的学者或专家，通过对问题的深度约谈，有助于设计师对问题的理解，加强设计师对设计问题本质的思考，以便更好地激发创意。

首饰创作中创意思维开发的工具还有不少，如类比隐喻、拼贴画等，这类工具在真正的创作中可以组合运用，有的环节需要整体分析，有的环节需要其他工具进一步扩散，总之创新方法的运用是灵活的，随着项目的进行不断调节方式和方法。

5.2
金银细工首饰设计程序与策略

金银细工首饰设计，在简单的文字背后隐藏着复杂的设计活动，是系统的设计体系再现。如何将设计做好，是一个复杂的问题，这一过程包含着众多设计活动和内容，每一项活动都在设计中起到重要的作用，从整体到细节都是设计的关键。细工首饰设计与其他的设计一样，是在不断地厘清事物内在的本质关系，探索设计的目的与方法，寻求视觉呈现方式及功用等，最终产出符合多方需求的产品形式。在对细工首饰进行设计的过程中，既要遵循首饰设计的一般原则，又要尊重细工首饰的特点，还应体现社会需求的适宜功能。因此，细工首饰设计是一个复杂的体系，在此过程中不仅要考虑首饰呈现的科学原则，包含技术、材料、造型等，还要顾及首饰与环境的关系，如实用、经济、美观，更应遵守首饰的情感因素，包括文化、艺术等。情感性是细工首饰的独特属性，设计中的情感多是指人内心深处的需求，是对外表达的渴望，通常表现为对首饰形式美、内涵美的需求。在对细工首饰设计时，应考虑到对各要素的需求，以便从整体的角度实现设计最优状态。通常情况下，对首饰的基本要求如下：功能性要求，需适应当代生活方式，传承工艺文化，并具有合理的性能与结构，以方便、安全、宜人的原则呈现设计作品；创造性要求，设计作品具有创新意识，研究传统工艺创新应用形式，工艺文化与当代时代精神融合，发挥细工首饰的社会价值；审美性要求，细金首饰需展现传统技艺与当代设计融合之美，传统文化当代运用之美，首饰形态符合当代审美倾向，应满足时代审美需求以及民众对美的诉求；适应性要求，多指所设计的细工首饰应从审美、形式、功用、理念等方面适应当代社会的需求，使设计作品适应当代生活方式、技术传承、文化承载、环境意识等相关诉求，以获取设计的最大意义。

5.2.1 设计一般程序

细工首饰在当代设计中不仅面临着传统技艺的创新应用问题，还面临着时代赋予首饰的综合需求问题，为设计的进行增加了难度。经过长时间的实践，细工首饰在设计中具有了一定的方法，在遵循技术科学的基础上，选择适当的方式，可以有效地进行设计。设计是一项系列活动，是一项有计划、有目的的活动，因而在设计进行前要有一个整体的方案，根据方案选择合理的实施方法，从而有效地促进设计创造。早期英国皇家艺术学院阿契尔教授曾提出设计程序的三阶段，主要为分析、创造和制作阶段，设计程序遵循着设计发展的每一步骤，各步骤间相互联系、相互交织以求最终的设计问题解决。合理有序的设计程序是设计有效进行的基础，将设计过程按照内容进行归类整理，并以科学合理的步骤实施有助于优秀设计的呈现。细工首饰设计也是系列的设计活动，也有自己的设计规律可循，有自己的一般程序。在设计方案制定后，细工首饰设计程序的实施应遵循基本的原则，主要为尊重材料、技术的客观性和传承性并富有创新精神，注重文化基因，弘扬优秀文化精神，注重当代设计精神，使设计融入当代生活。由于首饰设计的特征以及技术材料的应用，细工首饰设计在具体的设计实践中一般具有资料收集、分析与整理、创意与实施、制作与实现等几个阶段。在现实的设计中，由于工艺技术的特殊性和实验性，设计实施的具体情况也会根据设计需要而不断调整，在顺序、结构、内容上并不固定，它们之间形成错综复杂的交织关系。在此对细工首饰设计的一般程序做基本的介绍，以备参考。

5.2.1.1 调研

调研是设计有效实现的基础，也是设计实施前期的重要阶段。在此阶段，主要对设计现状、社会需求、今后设计发展等需要决定的问题进行详细的了解和研究。在设计目标、方向确定的基础上，通过调研和资料储备能够深入了解设计问题以及今后设计发展方向，有利于后期设计活动的推进和后续项目计划的制定。设计调研不仅是资料的收集和设计现状的勘查，还应注意对问题的思考与分析，从而提出解决设计问题的方法，以满足需求。设计活动的核心是解决问题，调研有助于对问题情况的了解，寻找功能需求和问题所在，实现设计优化，因而调研活动是问题解决的关键。

在设计中，调研的内容、方法和形式比较丰富。细工首饰设计，应从实际情况出发，以需解决的问题为前提，确定调研的方式、方法和范围。设计中，一般采用资料收集、设计实验、田野调查、询问访谈等方法，在实际应用时常采用多种方法的结合运用。资料收集是最常用的调研方法，也是重要的环节。通过丰富的资料积累，才能有效地探知设计问题根源，探索问题解决的方法。在实际生活中，相关问题的资料比较丰富，一般分为一手资料和二手资料，可根据具体情况进行收集。一手资料主要是指原始资料，一般是通过作者个人直接获取的资料，可通过拍照、考察、访谈等形式直接获取，这类资料具有真实性、准确性和直接性的特点。二手资料多为间接资料，一般包含收集到的资料（展览、报道、自媒体）、文献资料、研究报告及相关的数据资料等。细工首饰设计是基于材料、工艺进行的，因而在实践中设计实验法也比较常用，通过实验扩展工艺、材料呈现的方式，探寻传统工艺的当下价值和转化方式，是细工首饰中行之有效的调研方法。田野调查和询问访谈，都是对设计现状及设计问题的直接探索方法，通过调查和访谈可以了解当前设计发展现状以及相关专家对于问题的认识思路，从而有效地制定设计实施计划。调研的方法不是固定的，运用起来比较灵活，也可以分类的形式将各种方法综合起来运用。如关于起版铸造工艺，可从纵向的角度调研，以工艺发展的历时原则为线，研究此门工艺所呈现的首饰风格、形式变化规律，并分析出变化原因；也可以横向的视角收集资料，以当代首饰为线，调研使用起版、铸造工艺的首饰种类，并查找此类首饰风格特点、造型特征，在此基础上分析当代首饰设计要素运用方式。调研中进行相关数据采集时，应注意数据的全面性和真实性，采集的内容与范围要根据设计的目的、类型等因素而定。例如，对首饰设计环境数据采集时，应认识到对环境造成影响的因素，如自然环境、社会文化、经济状况等，都有可能成为数据信息的关键点，因而在数据采集阶段应注重数据的全面性和准确度。另外，在调研阶段还应注意对材料的整理与归纳，检查资料的可靠性，并进行分类统计以便查找，在此基础上对调研所得的资料进行简单的分析与归纳，找出问题点以及预测的创意点。必要的情况下，要根据调研情况撰写调研报告，尤其是市场调研。调研报告是调研的重要环节，是调研的阶段成果，也是下一设计活动的重要依据，要求报告重点突出、结构缜密、问题指向明确。

5.2.1.2 探究与定位

探究与定位是一个创造阶段，通过对调研资料信息的综合分析与探索，可以有效地探寻对设计问题的新解决方案以及明确设计定位，实现设计的优化。这一阶段是设计中非常重要的阶段，关系着设计的整体走向以及创意点实施的方向，是设计认知高度的体现，因此在细工首饰设计中应给予重视。通过调研，可对设计问题有明确的认识，了解当下细工技艺的运用现状、风格特征、文化价值、市场需求等相关信息，在对项目现状、政策背景、需求关系分析研究的基础上，探索问题解决的切入点，如功能改进、技艺探索、文化切入，根据初始方向和问题明确项目定位与目标。细工首饰是以技艺为基础的首饰形态，包含中国造物思想的多种理念，其功能范围也就更为多元，因而对这类首饰设计问题的探究与定位，应结合当下生活方式、实际需求、工艺要素、文化载体、未来走向等方面，探究设计观点，明确设计定位。在此阶段，对问题探究的深度和广度，关系着认知的高度，也关系着概念创意施展的力度和角度，因而应深入地进行，给设计带来好的开始。

5.2.1.3 设计方案

在前期工作完成的基础上，制定详细的工作方案，一般包括采用什么样的方式、手段解决问题，并进行可行性的评估。这一阶段主要是负责设计进行的整体规划，是解决设计实现的基本问题，因此科学合理的设计方案是设计成功的关键。细工首饰由于特殊性，在制定设计方案时应以现实基础为根据，突破原有禁锢，大胆想象，使设计创意展现出来。细工首饰设计方案的制定，实则是回答设计中为什么、做什么、怎么做的问题，一般包含下面内容。在制定设计方案时，设计的选题背景调查是非常有必要的，大的设计环境是引发设计思考的基础，要给予背景充足的分析和思考。设计定位确定后，对背景的分析关系到采用什么样的形式、方法实现设计全貌，其中包含对项目所处环境的文化、政策、技术、审美形式的分析。在分析的过程中应注意个人的选题思想，不断思考需解决的问题，以便更好地探索问题解决的方式。问题的解决方式是设计方案的重要内容，其中包含解决角度、解决工具、解决手段、解决内容等方面。解决角度，可根据项目的类型以及当下生活需要，选择艺术表达方式及设计应用；同时也可根据项目特点，选择创意思维，运用头脑风暴、思维导图等解决工具，并确定解决的手段，如工艺技术、材料形式、色彩关系等。在解决方式中，解决内容比较重要，主要是制订设计实施的基本计划，一般包括首饰类型、选题、灵感方向、形式、外观、功能等。当方案的基本内容确定后，需要制订项目实施计划，主要包含项目进程、项目分工、呈现方式等，并对方案进行整体评估，评价创意选题，进行价值分析、需求分析等，并评估方案实施的可行性。

5.2.1.4 设计实施

项目的实施是设计目标实现的过程，此阶段是理性思维与感性思维交替运用的阶段，也是创造性思维运用的重要阶段，是创意实现的过程。此过程是设计思想实现的阶段，也是项目的具体操作和生产过程，包含了根据设计选题收集资料、素材整理、灵感探寻、灵感延伸、绘制稿件、资料整合、模型实验、工艺材料实验、设计呈现、设计评价等系列活动。在此过程中，设计活动比较丰富，活动之间联系比较紧密，前面活动的效果直接关系后面项目的进行，并且每一项活动都含有丰富的内容。在这一系列项目中，每一环节都比较重要，关系创意的整体实现，且每一环节具有相对的灵活性，有足够的空间开发创意。如以起版铸造工艺为例探讨工艺运用方式，在传统铸造技艺运用时熔模材料多为蜡材，在实验中可以尝试以传统的工艺方式为依托，对铸造材料进行探索，比如以叶子、纱布、塑料为模型进行熔模铸造，可以收获新的视觉形象（图5-14）。以工艺原理为基点，在工艺的某一

图 5-14　熔模材料实验小样

环节进行新的探索，可以不同程度地收获不同的创新点，因而也可以给设计带来创新的因素。在细工首饰产品设计中，由于经济、需求关系因素的影响，设计方案的实施与呈现相对稳定。对于工作室产品设计以及个人艺术作品，在设计实施过程中，由于设计思维的发散和活动自由，设计的最终效果与设计预设会有所不同。

5.2.1.5　设计反馈

设计反馈是设计的最后一个阶段，也是对设计问题解决情况的验证阶段，了解产品的反馈意见，可利于设计产品的改进，功能优化。设计产品在制作完成后一般投入市场，进入市场后可根据产品与生活的融入度验证设计是否优良，并分析设计中优缺点，可优化后续设计。设计产品包含的要素丰富，对于产品的评价可从饰品的佩戴者、市场现状、社会效益等角度进行分析整理。佩戴者是最直接的消费对象，他对饰品的感受最为真实，也是设计进行的目标和设计评价的立足点，因而消费意见反馈非常重要。用户对产品的感受多来自三个方面，一是好看与否，主要来自对产品的外观感受，是否满足佩戴者审美和心理需求以及适应其生活方式；二是设计产品的功能性，针对细工首饰佩戴者多要求首饰有精湛的技艺和文化寓意等，了解产品是否满足佩戴者对细工首饰的功能性的要求；三是心理量度，指佩戴者对饰品的心理感受，也是产品给消费者带来的心理期望值，如产品是否具备品位，是否融入情感等。市场销售状况也是对产品评价的有效途径，产品的销售情况直接关系产品性能与当代生活的融入状况，关系着产品性能与群体审美、需求的关系，以及个性化需求与产品定位是否准确。同时对产品的评价也来自社会，产品形式是否符合当下社会对文化、经济效益、可持续发展等方面的需求。通过系列的设计评价与反馈，可客观地分析设计优缺点，促进设计整体的提升与优化。

5.2.2　设计构思与生成

设计构思与生成是设计实现的重要环节，这一过程是思维运动的痕迹，是从最初构想到各要素的综合运用。从构思到生成的过程中包含着复杂的思维活动，这一过程也是创意实现的重要阶段，是对知识探索发现的过程，是艺术设计及设计产品形成的关键，因而将此过程单独叙述。

5.2.2.1　设计构思

设计构思是创意产生的阶段，是多种思维的综合运用，也是细工首饰设计的重要阶段。设计构思是灵感探寻、延伸的过程，是从最初的认知到成熟思想呈现的过程，也是创新设计思维与科学思维结合运用的过程。在这一过程中既有自由的畅想也有一定的规律可循，既是思维的扩散也是方法的总结。

（1）创意灵感

创意是设计中最重要的部分，是设计的灵魂，是人类改造世界的原动力，好的设计一定具备好的创意。而灵感是创意的核心，是创意的起点，因而灵感对于设计同样重要。灵感有时也称灵感思维，多指从事生产活动时瞬间产生的具有创造性的思维状态，也指突然产生的新想法。在长期的实践中，由于灵感的重要性，人们对灵感异常关注，并总结了其特点。灵感的产生具有突发性、随机性和偶然性，来得快去得快，因而当灵感来临时应及时地记录感受以便创作之用。灵感的产生与学识地位无关，任何具备正常思维的人都具有产生灵感的能力，而且灵感的产生是无穷尽的，越开发产生的就越多。同时灵感又是新颖的、独特的，是创造性思维的结果，由于其产生的随机性，具有稍纵即逝的特点，因而对其要进行及时的捕捉、开发和运用。由于灵感对于设计的重要性，因此开发和捕捉灵感是设计活动的重要任务。虽然灵感的到来具有突发性，但灵感并不是平白无故出现的，长期探索和积极思考是激发灵感的重要条件。俄国画家列宾曾说过，

"灵感是对艰苦劳动的奖赏"，灵感是在实践基础上的经验的积累，灵感是一位客人，他会拜访那些有准备的人，因而灵感是可以通过努力获取的。

灵感是创意的起点，是创意的灵魂，探寻灵感则是对创意的开发。创意也是设计中最重要的部分，在设计实践中如何进行创意灵感的开发，需要设计师积累设计经验，不断地进行设计尝试。创意学奠基人奥斯本曾认为，创新思维是寻找事实、寻找构想和寻找答案的过程，可见创意是努力的结果，是在设计思维与实践经验的共同作用下产生的，因而创意是可获取的。创意的获取离不开设计经验的帮助，也离不开丰富素材的激发。设计需要借鉴，需要从各种各样的素材中汲取营养，因而素材为设计师提供了灵感来源，通过素材设计师可以发挥大胆的想象，从而产生创意和灵感，并推进设计总体方案的进行，从而逐渐明晰设计主题。然而丰富多彩的素材有时也会使设计师迷失最初的想法，因此在设计实践中设计师应根据设计主题把握素材收集的方向，并通过对事物的观察、想象、分析，运用设计思维将素材转化为要素，从而实现设计。

素材对于灵感的开发起着重要的作用，自然界中素材又异常丰富，人们的所见、所看、所感都可以成为创作的素材，在此我们对素材进行分类，以便更好地运用。根据事物的特征不同，素材分为有形和无形之分。有形素材由于能看得见、摸得着，常运用到设计中，种类比较丰富。动物类有鹿、虎、马、猴、羊、猫、狗、鱼、蝙蝠、虫、蝴蝶、鸟、蝉、孔雀等；植物类有牡丹、梅、兰、竹、菊、松、葫芦、白菜、豆角、柿子、灵芝、石榴等；文字图符类有祥云、如意、万字符、回纹、太极纹、福、禄、寿、喜、财等；自然景色类有山、川、河流、湖泊、大海等；建筑类有高楼、楼阁、庭院、路、桥等；生活用具类有杯子、笔、书本、家具等。无形素材在设计中运用相对较少，由于没有固定的形体常被设计师忽略，但它们能给人带来不同的感受，也是设计灵感来源的一部分，一般有风、雨、雷、电、诗歌、音乐、气味等。

在设计中获取素材的方式很多，一般有绘画、拍照、收集图片、调研、观察、聆听、感受等。绘画是比较常用的获取素材的方法，也是比较有效的方式之一，设计师在记录的过程中已经对素材进行了整理，自觉不自觉地将感受较深的画面表现出来。收集素材时随笔记录，是视觉筛选的过程，记录了设计师感兴趣的视角，展示出记录者的思考点和对事物观察的角度，有利于激发形象思维的运用，增强视觉审美，激发创作热情。拍照也是常用的获取素材的方法，由于拍照的快捷与方便，随时都可以获取想要的素材，并且能够真实、清晰地呈现素材原貌，因此拍照成为最便利的素材获取方式。收集图片也是素材收集的一种方式，与拍照一样都比较便利，但图片带有一定的角度性和广泛性。现在的网络图片多是从不同的角度进行拍摄，具有较高的摄影水平，所呈现的素材具有一定的审美性和艺术性，并且范围广泛，从悬崖峭壁到肉眼难辨的微生物都有相应的图片资料，这是个人拍照所难获取的。调研、观察在细工首饰中运用较多，由于首饰具有一定的工艺性，因此在对工艺主题设计时，调研、观察就显得尤为重要，只有认真观察工艺的呈现方式和运用方式，才能创作更好的作品。当然调研和观察不仅可以用于对工艺素材的收集，也可用于对自然景物、艺术作品、文献资料等素材的收集。聆听和感受多用于对音乐、艺术作品、自然景象等素材的收集，通过设计师的主观感受激发创作热情。

（2）灵感探寻的方向

当下设计文化呈现多元化，设计素材非常丰富，设计师如何做选题，从哪个角度开发个人的灵感，都是需要解决的问题，在此对探寻方向做以下归类，以便于理解与思考。根据素材的内容以及细工首饰设计的特点，我们可将灵感开发的方向归纳为技术手段、文化艺术、思想道德、社会动向等几个方面。在当代设计艺术思潮的影响下，首饰设计表达不仅仅是艺术表达，更是个人情感及观念的宣泄，代表着设计师的精神情怀和思想修养，展现其对世界的看法与观点，也因此灵感探寻的方向是丰富的，几乎包含了现存世界的各个方面。近年来，由于设计意识的改变，设计师越来越关注与人相关的选题，社会动向成为设计的关注点。社会动向多是指社会上能够引起关注的行为或事态发展的方向，其包含的内容比较丰富，如环境保护等。当前，环境成为比较突出的社会问题，对环境的保护、材料运用成为设计比较关注的话题。面对自然环境的破坏，设计师不断地思考人与自然的关系，并将个人的关注引入设计，出现了一批关于可持续性发展的主题创作。面对问题现状，越来越多的设计师关注于对环境生态的保护，环保主题也成为首饰设计的关注点，如作品《花语》，以废旧的牛仔裤为主要材料，以花片的形式进行创作，提倡废物利用、保护环境，也表达任何事物都可以呈现美的一面，具备新生价值（图5-15）。由于细工首饰具有技艺性、材料性，因此技术手段也是灵感开发的一个方面。从技术手段入手，探寻传统工艺的应用方式以及传统工艺与当下高新技术的结合，以此改变饰品的功能、结构，从而引发新的创意。作品《随波逐流》以传统的细工编织技艺为基础进行创作，将当代审美方式融入饰品之中，打破原有技术呈现方式，从而带来新的视觉体验（图5-16）。我国拥有深厚的文化底蕴，并拥有丰富的艺术形式，每一种艺术都含有优美的形式和深厚的文化，都是设计灵感探寻的素材。对文化艺术的借鉴，多是对其特征、精神的领会和阐释，从而形成新理念、新观点和式样，做到传统精神的当代演绎。中国优秀的思想道德是民族精神的体现，也是民族的价值观念，中国从古至今积淀了深厚的道德思想，是现代人值得发扬光大和学习的对象，从而

图5-15　作品《花语》　田伟玲作

图5-16　作品《随波逐流》　张勤作

思想道德也是当代设计重要的研究方向。中国传统道德思想中含有中华优秀文化精神，对其开发和运用只有秉承着发展传统、追求变化、不断充实的态度，才能创造真正意义的设计精神。

（3）创新点

创新是设计构思的主要内容，没有创新设计就没有意义。细工首饰的设计创新点，应根据工艺美术特点与当代设计趋势以及

生活需求来探寻，可以从生活领域、生产领域以及综合视角来寻找设计切入点。在当下大的设计背景下，中国传统工艺与现代产品设计的融合成为发展新趋势，也可从国际审美、时尚、功能等方面寻找契合点，积极探索民族文化特征，创造出符合现代生活方式与时代生活需求的设计作品。设计的最终目的是服务生活，因此现代生活方式是设计的立足点和出发点，设计师可以结合民族文化和生活理念，创造出符合现代生活需要的产品形式。细工首饰具备工艺技术的实践性，那么艺术实践也是设计切入的创新点。在设计实践中提炼经验，探索细金工艺与当代设计结合的方式，找到符合当代审美的艺术表达形式，因而在设计中应注意挖掘传统工艺应用的可能性，专注设计实践研究，通过艺术实践提炼创新方法从而增强实践能力。如图5-17所示，该作品是在对传统的起版铸造工艺应用方式进行探索的过程中所做的，作者运用了铸造工艺中腔体与溶液的关系探讨工艺成形方式，结合实践经验将腔体换成液体进行浇铸，从而形成了新的呈现方式，再结合主题就形成现在的作品形态。同时，综合视角也是细工首饰设计的切入点。当下，我国拥

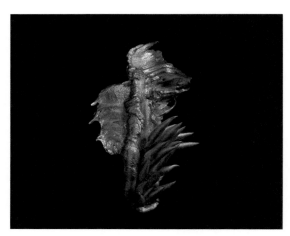

图 5-17　铸造工艺方式探索　杜志轩作

有丰富的文化形式和社会现象，都是设计开发的素材，为现代设计提供更创新的视点，如造物思想、图案学、文学考古、产品功能、心理学等。同时我国拥有丰富的图案形式，它们优美的形态和丰富的民族文化精神，都值得当代设计借鉴，如敦煌壁画，从造型、色彩到故事寓意无不展示了传统艺术造型美学和民族优秀的文化精神，都是设计创意的启发点。

5.2.2.2　设计生成

设计是解决问题的活动，从概念的产生到设计构思再到视觉呈现是一个设计发展过程。设计概念的实现过程，也是从思想到视觉的实现过程。细工首饰是立体的物件，不仅具备可视化，还具有可佩戴性，因而设计师除了满足设计观点的认同，还要满足

功能、视觉形态的认同感。设计实践的最终结果是设计实现，给最初问题找出答案，设计生成则是最终的成果。在设计视觉化的过程中，应注意新时代下创意设计与传统手工艺结合运用的综合价值体现，设计产品应与时代需求、审美及生活方式相融合，探索既具有时代精神又符合时代审美形式的作品形态。

（1）设计形态原则

设计形态是设计生成的最基本要素，对形态的探寻是视觉形象与主题目标连接的过程，以恰当的形式表达设计思想，完成设计目标，这一过程是在探寻中呈现的。设计形态的呈现是对各要素考量的综合呈现，在形态的探寻中一般遵循普遍的规律。形态的寻找应遵循功能原则，做到"备物致用"。设计成果应把握好功能与形式的关系，形式固然重要，但最初的功能意义也不能忽略，做到功能与形式的统一，因而首饰的造型应符合功能需求。诸子百家中的墨子认为，器物首先要满足人的需要，若无益于人的使用，即使再精美的技艺也显得"拙"。注重工艺美术设计的功能性，体现出设计师的人文关注以及对设计与生活关系的思考，是细工首饰设计的主要内容。当然，对功能的理解应给予全面的思考，就细工首饰而言，其功能性与平常器物的使用功能有一定的出入。当下，细工首饰的装饰意义要大于其使用意义，这类首饰的功能多是技艺承载、文化传递及装饰审美等，应根据饰品的特征分析其功能类型。

形式韵味，在于探索设计产品所含有的内涵与意义。首饰设计虽然不是绘画、雕塑等纯艺术形式，但设计形态的寻找需关注对形式韵味的追求，讲究形式的艺术性，展现设计艺术的魅力，加强首饰的装饰功能。同时设计形态是设计观念的表现，细工首饰在向世人展示一件精美绝伦、色彩斑斓的饰品的同时，也向人们展示了丰富的美学思想。在中国传统工艺美学中，形式和功能讲究和谐统一，一边强调器物的功能性，一边追求器物的"韵外之致"，在以功能为基础的物化形态之外，还追求深厚的情感及美学思想，体现了中国造物中"技以载道，道器合一"的思想观念。在传统器物中不少此类型的作品，常以类比、比喻象征的艺术手法，将功能和有意味的形式结合起来，如古代香炉多以山川的形象构造器物的形态，这类造型既能有效地施展香薰的功能，又展现出山水比德的美学思想。

精在体宜，也是设计形态寻找的又一原则。对于"宜"的理解，我国著名工艺美术家田自秉先生说过："所谓宜，就是和谐、就是适应、就是合理。"首饰形态的探寻也要适宜。在我国工艺美术发展历程中，有众多的理论家强调造物的适宜，主张"因其所宜""各遂其宜"等相关论断，和谐、适宜也是首饰造型应遵循的规律。《天工开物》中明确提出造物活动应秉承"适应自然、物尽其用"的思想，展现出传统造物思想中的和谐性，同时人与自然、人与物、物与物的和谐也是现代设计要遵守的原则。细工首饰形态的适宜，主要体现在形态应与材料、工艺相适应，同时应展现设计主题的观念性和饰品结构的准确性，做到各要素的综合运用。金银细工是多种精细工艺的集合体，每一种工艺都有各自的特色及形式呈现方式，在最初的形式探寻时应结合工艺、材料特性，寻找适宜的形式，以便实现。如铸造工艺多为体块造型特征，錾刻工艺多为精细纹饰的雕琢，造型中如果忽略了工艺特征，只顾视觉展现，后期将难以实现设计。

整体之美，指注重设计产品造型的完整性。整体观体现了中国传统美学思想，《黄帝内经》将人体看作一个整体，并将人体与世界作为一个整体进行分析，认为人体由阴阳二气构成，动静交织牵制而生。整体的认识观也运用于工艺美术创作中，在审美上要求艺术创作及评价应具备整体意识，因而古代器物造型多呈对称、饱满、整齐、均衡的特点，展现出整体唯美的造型理念。细工首饰在形态寻找时注重形体的整体之美，主要体现在形体结构的完整性及形态的整体性上。饰品具有结构性，如戒指分为戒圈与戒面，胸针又由胸饰主体和背针组成，每一部件都是饰品的一部分，在设计时应全面重视，不能忽略辅助部件。另外，在设计中应注意形态结构的整体性，注重细节的处理，即使是小小的搭扣也不能忽略设计元素的统一与协调。

（2）设计形态探寻

设计形态实现是过程性的结果，产品设计从设计灵感到设计构思以及设计形态的探寻是思维不断运动的过程，在设计思维活动的过程中，应不断探寻适宜的形式与主题的关系。在这一过程中经过不断的构思、绘稿、调整，再到模型制作，再调整直至最后设计生成，经过了无数次的思考与尝试，才慢慢地呈现最终的作品形态。设计不是简单的由想法到稿子再到实物的过程，里面包含了复杂、反复的实验过程，应不断地推敲主题与形式的关系，对形态做出调整。在视觉形式呈现中，既要强调思想又要注意功能与形式，这一过程是各要素不断综合的过程。另外，设计形态呈现的过程中还应注意美的普遍规律，既要关注整体与部分的关系，还要考虑形体与韵味、实用与审美、形式与内涵的关系，达到"文质彬彬"的价值取向。在首饰造型要素中，还要注重整齐统一、对比和谐、节奏韵律、虚实相生、主次有序等美学规则。设计中造型的方法很多，师法自然不失为一个好的方式，自然孕育了世间万物，是人类学习的源泉，自然中的一切都有各自的规律，无论是生长结构方式，还是生长演化轨迹都具有美的气质，是设计汲取的较好素材。在形体探索的过程中，应多观察研究，在观察中发现，从自然中汲取营养实现设计文化的诠释。总之，设计形态探寻是一个过程，在视觉呈现中不断挖掘、诠释思想之花，通过创意来演绎首饰经典之美、时尚之美、传承之美。在此以魏凌宇作品《内化》为例，阐述设计基本过程。

作品《内化》的灵感来源于对蝉的理解。作者认为蝉是自然之物，有着金蝉脱壳的本领，其周而复始的生命，从幼虫到成虫虽然外貌发生变化，但这是最为自然的修行所得，也是生命的复制和延续。蝉在于转化，在于懂得舍与得，它由一个薄薄翅膀保护着身体，借此作者意在表达生命在于奉献，在奉献时收获自己，因此美在于生命的内在。作者借助于思维导图，最终确定了个人对于蝉的认知观点，根据主题思想开始探寻具体的形态，具体的步骤如下：

① 捕捉收集。收集了关于蝉和生命的素材资料，考察并记录与主题相关的素材。

② 图画记录。以绘画的形式记录自己感兴趣的点，感受它们吸引我们的地方，并表达出来。比起拍照，绘画更能引发思考和构图，更能清晰地感受到蝉美的规律与韵律，这些感受是支持下一步创作的基础（图5-18、图5-19）。

③ 抽象与演变。有意识地根据感受和美的规律对素材进行整理，并对具体事物进行抽象与演变，如图5-20所示。

④ 资料调研。根据作者的演变和喜欢的艺术风格，查找相关类型的作品或资料，找出有发展潜力的点。作者喜欢建筑的几何风格，查找了关于建筑的照片和几何形态作品。

图 5-18　图画记录（一）

图 5-19　图画记录（二）

图 5-20　抽象与演变

　　⑤ 整合和演变。根据调研，将对几何形态的运用与个人作品进行融合，并进行思想整合，使内在精神元素与外部形式进行融合、归纳，并将主题融入线条中。以婉转悠扬的曲线代表蝉体转化的瞬间，横平竖直的线条构建了蝉体的中间部分，是身体蜕变的窗口，也是灵魂的出入口，展示蝉面对使命时的奉献与执着（图5-21）。

　　⑥ 纸模制作。首饰是三维立体的，平面视图在一定的范围内局限了视图的完整性，以三维立体的形式对饰品的构思、形式进行真实客观的再现，有利于评估设计的优缺点以及工艺实现的可行性。作者根据图纸，并以不同的角度制作系列模型，以备审视设计效果（图5-22）。

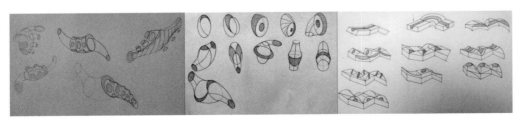

图 5-21　整合与演变

图 5-22　纸模小样

⑦ 完善设计稿。根据模型检查设计成效，并综合各个要素进行调整、修改（图 5-23）。

⑧ 金工生成。根据模型和设计进行金属制作，完成设计过程（图 5-24、图 5-25）。

从对作品的形态探索过程中可以看出，设计作品的形成是复杂多变的过程，也是一个探索的过程。从问题的源头，到问题的解决，对于形态的寻找从盲目开始走向清晰，在这一进程中设计主题思想随着形式的明朗也开始逐渐明晰。但这件作品形态寻找的过程并不是设计形式探寻的普遍程序，不同的设计师有不同的经验和方法，不同的主题有不同的方式，因此设计形态探寻因人而异。

（3）工艺材料探索

在设计生成的阶段还应考虑细工首饰的特殊性、工艺性和材料性，正如《考工记》中所提出的"合此四者，然后可以为良"，因而在形态转换时需遵守材料、工艺、形体的基本属性。在设计进行时，应注意材料与成形方式的吻合，每一种材料都有各自的属性，都有适合的工艺，掌握材料的自然属性，才能顺利地完成设计。如黄金材料色泽较好，但其材料比较柔软，如果将其设计成细而薄的饰品恐怕极易变形。设计时还应注意工艺、材料与主题展现的关系，每一种材料都有自己独特的一面，都会给人带来不同的感受，如宝石能带来华丽、富贵之感，金属则有冷峻果断的气质，因而在对材料及工艺运用时应思考是否符合主题设计的需要，正如作品《多面体》所示（图 5-26）。此外，应注

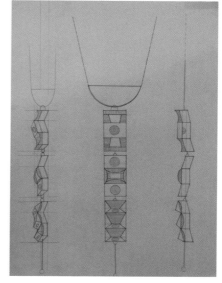

图 5-23　完善设计稿

图 5-24　金工制作

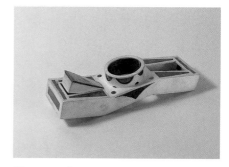

图 5-25　金工呈现

意工艺材料与文化理念的吻合。细工首饰由于历史的积淀，工艺与材料本身被赋予了一定的文化性和思想性，在针对这类材料和技术进行设计时，应考虑到饰品的功能性，强调物质的感官愉悦与情感寓意的联系，展示材料、工艺本身所赋予的魅力。

图 5-26　多面体　张莉作

5.3
金银细工首饰设计表现基本要点

金银细工是中国优秀的传统工艺，也是中华文化的重要组成部分。随着时代进步及生活方式改变，传统工艺也面临着不同的境况与危机，传承与创新成为当下传统工艺急需解决的问题。细工首饰设计是针对传统技艺的饰品设计，一方面具有技艺的特征，另一方面具有现代设计的特征，在对这类首饰设计时，应注意首饰本身所具有的因素以及时代使命，综合考虑当代需求进行设计思考。同时，虽然细工首饰是基于传统工艺制作的饰品类型，但属于当代设计范畴，设计无论在选题上还是构思上都应思考当代的问题，使设计走向生活。

5.3.1　注重认知视野

细工首饰是当代设计的一部分，在设计选题中应具备敏锐的目光，发现时代的需求，探知时代需解决的问题，掌握问题的核心才能做出有用的设计。在首饰设计中，选题的方向众多，设计风格丰富多彩，设计的形式也多样化，设计的价值是否体现，主要看设计是否给现代的生活带来帮助。时代在不断地向前发展，在发展的进程中会带动一系列的变化，如信息技术、IP文化、审美形式、生活起居等。急剧的变化使设计需求增加，同时也增加了设计机会和设计视野与范围，从而扩展了设计交互。此时，如果细工首饰设计还在原有的设计中止步不前，将面临着更为艰难的发展境地。面对社会发展的步伐，细工首饰设计只能踏步向前，走在时代的前列，才能迎来生机，因此细工首饰设计不仅要提高设计基本素养，还要提高对设计的认知、思想高度以及认识问题的角度。设计的本质是服务社会，然而社会是变化的，设计师应时刻关注时代信息，了解时代状况以便更好地进行设计实践。随着交互设计、信息设计、可持续设计等新型设计实践领域的扩散，设计不仅要关注当下的生活需求，还应关注未来。另外，当代首饰的发展是开放、多元的，细工首饰在关注自身技艺形式革新的同时，还应关注首饰与社会文化、影视、用具等多元产业的融合互动，使设计视野更为广泛。面对复杂多变的设计环境，设计师应时刻保持设计服务生活的态度，提高个人认知和思想高度，探寻设计问题，并具备问题解决的能力，使设计真正地走进生活、引领生活。

5.3.2 注重技艺载体、延续工匠精神

优秀的技艺是工艺美术设计的基础，是民族文化弘扬的有力工具。经过几千年的发展，传统工艺不仅传承了技艺形式，也承载了中华民族的造物智慧和工匠的职业精神。一方面，在细工首饰设计时，设计师需对金银细工有充分的了解，做到技术在前思想后行。技术性是细工首饰的首要特性，不熟悉细工技艺的呈现方式和造型特点，将无法开展设计，更不能对设计进行创新，因而技艺属性对于这类设计非常重要。另外，金银细工是我国金属工艺之精华，代表着中国的造物智慧，是民族艺术的结晶。每一件金属制品都含有精美绝伦的技艺，代表着高超的技术，含有前辈所流传下来的工艺方法和技巧，是民族的财富。在当下信息化时代，国际交流密切，民族工艺的发展可有效地展现本土设计优势，提升国际设计竞争力。因而细工首饰的设计，应注重技艺载

体的作用，注重技艺传承的需要。另一方面，在精致的细工作品背后，不仅含有工艺价值本身，还含有对技艺一丝不苟、精益求精的精神，以及传承着民族优秀的文化思想。这种精神随着技艺的传承而传承下来，影响着新一代甚至几代人的行为，促使民族制造业的发展。在当代设计中依然需要优秀的工匠精神，设计师对问题的深入研究以及对待设计认真的态度都是工匠精神的延续。在现代教育中，想要培养优秀的学子，首先要培养学生对待学习时坚持、专研、持之以恒的态度，没有精益求精的工匠精神很难培养出高精尖人才。在面对细工首饰的设计时，需注意传统技艺的载体作用，关注传统工艺的传承、创新和延伸，注重传统工艺形式与时代创新理念、新技术、审美方式进行融合，开创传统工艺新的应用路径，起到古法今用、活化经典的作用，并通过设计实践，将传统工艺中所含的优秀文化在现代语境中进行解读，使其发挥时代意义。

5.3.3　注重设计融合、展现时代因素

细工首饰设计属于设计范畴，不仅需重视技艺要素，也需重视设计各要素的综合运用。当代，在便利的信息技术和先进的思潮下，多元文化发生快速的融合，影视、文化、科技、时尚不断地出现碰撞。在这样一个多元、融合的新时代，传统工艺的发展也受到国家和社会的重视，如何促进传统工艺的发展，提升工艺产品的创造性、文化性、时代性，成为当下设计需思考的问题。面对时代需求和现实处境，传统工艺应积极与时代设计精神进行融合，做好自身的发展。金银细工首饰设计应结合时代因素，对当代艺术理念、审美方式、材料应用、技术开发等方面进行创造性转化、创新性发展，适应当代，使金银细工技艺活态传承，文化精神得到延续。在设计理念方面，金银细工文化多承载着吉祥寓意，新时代设计理念是与时俱进的，与社会现象、时代精神有密切关系。因而细工首饰设计，应以特色工艺文化为思想基础，结合时代需求的新功能、新观念、新生活方式，融合工艺特色，展现当代生活现状和时代风

貌。在形式审美上，加强传统文化符号与当代审美的融合，以当代的审美视角和组织方式构建艺术形式，诠释时代精神。金银细工的发展不是一成不变的，在技艺传承的过程中是融合发展的，吸收新技术并发展新的技术形式，也因此从古至今细工首饰发展出丰富的门类。当下，金银细工技艺与当代高新技术的融合是设计中不可忽视的，设计应结合新型材料、艺术概念以及新技术，运用人工智能、铸造技术，改进生产方式和技术流程，提高生产效率和工艺质量，展现新时代、新生活赋予的"手工＋制作"的新机制。

参考文献

[1] 李芽，等．中国古代首饰史[M]．南京：江苏凤凰文艺出版社，2020.

[2] 杨之水．中国古代金银首饰[M]．北京：故宫出版社，2014.

[3] 郭新．珠宝首饰设计[M]．上海：上海人民出版社，2021.

[4] 奥尔弗．首饰设计[M]．刘超，甘治欣，译．北京：中国纺织出版社，
    2004.

[5] 郑建启，胡飞．艺术设计方法学[M]．北京：清华大学出版社，2009.

[6] 代尔夫特理工大学工业设计工程学院．设计方法与策略：代尔夫特设
    计指南[M]．倪裕伟，译．武汉：华中科技大学出版社，2014.

[7] 华梅．服饰与中国文化[M]．北京：人民出版社，2001.

[8] 华梅，董克诚．服饰社会学[M]．北京：中国纺织出版社，2004.

[9] 南京博物馆．金与玉[M]．上海：文汇出版社，2004.

[10] 杭间．中国工艺美学思想史[M]．太原：北岳文艺出版社，1994.

[11] 田伟玲．上海金银细工：张心一[M]．深圳：海天出版社，2017.

[12] 张盛康，余世安．老凤祥金银细工制作技艺[M]．上海：上海文化出
     版社，2012.

[13] 刘骁．首饰艺术设计与制作[M]．北京：中国轻工业出版社，2020.

[14] 时翀，彭怡，钟敏．材料与造物智慧[M]．北京：化学工业出版社，
     2020.

[15] 王春云．金银首饰鉴赏[M]．广州：广东旅游出版社，1996.

[16] 王受之．世界现代设计史[M]．北京：中国青年出版社，2002.

[17] 田自秉．中国工艺美术史[M]．上海：东方出版中心，1985.

[18] 郑静，邬烈炎．现代首饰艺术[M]．南京：江苏美术出版社，2002.

[19] 沈从文．中国古代服饰研究[M]．上海：上海书店出版社，2005.

[20] 滕菲．材料新视觉[M]．长沙：湖南美术出版社，2000.

[21] 刘骁，李普曼．当代首饰设计：灵感与表达的奇思妙想[M]．北京：
     中国青年出版社，2014.

[22]李砚祖.造物之美[M].北京：中国人民大学出版社，2003.

[23]阿恩海姆.艺术与视知觉[M].滕守尧，译.成都：四川美术出版社，
1998.

[24]朗格.情感与形式[M].刘大基，傅志强，译.北京：中国社会科学
出版社，1986.

[25]周至禹.过渡：从自然形态到抽象形态[M].长沙：湖南美术出版
社，2000.

[26]张蓓莉.系统宝石学[M].2版.北京：地质出版社，2014.

[27]格罗塞.艺术的起源[M].蔡慕晖，译.北京：商务印书馆，2005.

[28]王昶，袁军平.首饰制作工艺学[M].北京：中国地质大学出版社，
2009.